JN192508

改訂版

植物細胞遺伝子工学

Plant Cell and Genetic Engineering

多田　雄一

三恵社

はじめに

本書は，植物の細胞工学と遺伝子工学の教科書ではあるが，基礎的な知識の解説に加えて，研究室の選択や進学先を考えている学生に植物工学に対する興味をもってもらうことを目的に書かれている．そのため，他の専門書に書かれているような学術的な基礎知識や技術の解説は必要最小限にとどめ，実用的な応用研究例の紹介や最新の植物細胞工学の話題を理解するために必要な用語の解説に重点をおいている．各章末の演習問題も，単に知識を問う問題だけではなく，「遺伝子工学技術を活用してわれわれの生活を豊かにしたり，夢の植物をつくるためにはどうすればよいか」を問うような，創造力が必要で，ある意味では奇想天外な問題が含まれている．

また，本書はメディア等で話題となった組換え植物の開発・研究を中心に豊富な実例を解説していることから，一般の方が植物工学の応用研究の現状を理解するための読み物としても利用できるであろう．説明は高校生でも理解できるようにわかりやすい表現に努め，専門的な用語にはできるだけ解説を加えたつもりである．

本書をきっかけにして，一人でも多くの農学・生物学を志している学生や一般の方が植物工学の有用性と可能性を認識するとともに，この分野に関連した道に進んでいただけることを願っている．

平成 26 年　1 月　　著者

改訂版まえがき

初版では著者の不注意から誤字や不体裁が散見された．改訂版では，それらを修正するとともに，記載が不十分な項目は追記し，最新のトピックに関してはその後の動向などを若干追加した．初版と同様に，本書をきっかけにして進学先や研究室の配属先を考えている学生に植物工学に対する興味をもっていただければ幸いである．

平成 28 年　1 月　　　著者

目次

第1章　植物細胞工学

1-1. 植物細胞工学とは

植物細胞工学の定義は，厳密に定まっているわけではない．本書では植物の組織・細胞を人為的に制御して，物質生産の機能を効率的に改変するための応用生物学の一分野を対象としており，組織・細胞培養，細胞融合，細胞選抜，突然変異育種を含む広い分野を含んでいる．例えば，植物が生産する有用な二次代謝産物である色素や薬効成分を畑で栽培した植物から抽出するのではなく，タンク内で培養した植物細胞をつかって生産したり，細胞融合によって2種類の植物の性質を併せもった新しい植物を作製したり，細胞融合や細胞選抜によって特定の機能を強化した，あるいは新しい形質を備えた植物を作製したりする技術などが挙げられる．古来より人類は自然突然変異によって生じた変異体の中から有用な個体を選抜して利用してきたが，そのような偶然に頼るのではなく，積極的に細胞レベルで効率的に方向性を持たせた改良・利用を行う技術ということもできる．また，植物を増殖する場合も，従来の種子による繁殖や株分けに頼るのではなく，組織培養技術を活用して「クローン増殖」することで，同じ品質の植物を低コストで速く増殖することができる．さらに，単に増殖するだけではなく，後で述べる「ウイルスフリー化」のように，より高品質な植物を工業的に増殖することも可能である．

第2章　組織・細胞培養

2-1. 植物組織培養の基礎

組織培養とは生物の組織や細胞を人工的な培地上で培養して増殖させたり，分化させたりすることを意味する．植物の組織培養としては，一般的なカルス培養や不定胚・不定芽の誘導，生長点（茎頂）培養，葯培養，胚（胚珠）培養，懸濁培養，苗条原基など多数の方法がある．さらに，植物の細胞を細胞壁成分を消化する酵素で処理して得られる「プロトプラスト」を培養した場合には，単一の細胞からのクローン植物を作ることができる．

一般に植物細胞は，培養した器官・組織や細胞から完全な植物体を再生できる分化全能性（totipotency）をもっている．しかし，実際に培養方法が確立されている植物は限られており，培養の実績がない場合には植物種ごとに試行錯誤して適当な培条件を見つける必要がある．培地としては様々な植物に対して，色々な組成が考案されている．最もよく用いられる基本培地としてはMurashige と Skoog（1962）が開発したMS 無機塩（表2.1）が様々な植物に使用される.，この無機塩組成をもとにして改変した培地や，さらにビタミンやアミノ酸などの有機成分を添加したり，ココナツミルクや酵母抽出物のような天然の抽出物を添加した培地が利用されることもある．さらに，目的に応じてこれらの培地に適当な種類と濃度の植物ホルモン（表2.2）を添加する．

植物細胞のカルス化や再分化を目的とする場合には，植物ホルモンとして通常はオーキシンとサイトカイニンを組み合わせて利用することが多い．Skoog らによってタバコのカルス組織にオーキシンを多く与えると根の形成を促進し，サイトカイニンを多く与えると芽や葉を形成しはじめることが確認された．一般に，オーキシンを単独で含む培地，あるいはオーキシンの濃度がサイトカイニンよりも高い培地では植物細胞から根が形成されやすい．逆にサイトカイニンを単独で含む培地やサイトカイニン濃度がオーキシンより高い培地ではシュート（芽，葉，茎のひとまとまり）が形成されやすい．両者を適度に含む培地ではカルスが形成され活発に増殖する．植物種によっては，再分化や不定胚形成に植物ホルモンとしてジベレリンやアブシジン酸をさらに培地に添加する場合もある．ちなみに，天然型オーキシンは植物体中では若い葉や茎頂でつくられ，根に運ばれるホルモンで，頂芽優勢や屈光性などに関与している．サイト

表 2.1　MS 無機塩の組成

化合物	含量（mg/l）
KNO_3	1,900
NH_4NO_3	1,650
KH2PO4	170
$MgSO_4 \cdot 7H_2O$	370
$CaCl_2 \cdot 2H_2O$	440
$FeSO_4 \cdot 7H_2O$	27.8
Na_2-EDTA	37.3
$MnSO_4 \cdot 4H_2O$	22.3
$ZnSO_4 \cdot 7H_2O$	8.6
$CuSO_4 \cdot 5H_2O$	0.025
$CoCl_2 \cdot 6H_2O$	0.025
KI	0.83
H_3BO_3	6.2
$Ma_2MoO_4 \cdot 2H_2O$	0.25

表 2.2　組織培養に利用される主な植物ホルモン

植物ホルモン	主な特徴，働き
オーキシン	
2,4-D（2,4-ｼﾞｸﾛﾛﾌｪﾉｷｼ酢酸）	広く利用される合成オーキシン，除草剤として開発
IAA（インドール酢酸）	天然型オーキシン，熱や光に弱い
IBA（インドール酪酸）	
NAA（ナフタレン酢酸）	
サイトカイニン	
Kinetin	
BA（ベンジルアデニン）	
Zeatin	天然型サイトカイニン，熱に弱い
CPPU（*N*-2-ｸﾛﾛ 4-ﾋﾟﾘｼﾞﾙ *N'* -ﾌｪﾆﾙ尿酸）	広い植物種に有効
TDZ（チジアズロン）	広い植物種に有効
ジベレリン	
GA_3（ジベレリン酸）	細胞の伸長，胚の休眠打破，熱に弱い
アブシジン酸	
ABA（アブシジン酸）	乾燥や休眠に関与，熱に弱い

カイニンはオーキシンと共存する場合に，細胞分裂を促進する物質として見つかった物質である．ジベレリンは，イネばか苗病という草丈が異常に高くなる病気の病原菌がつくる原因物質として同定された．ジベレリンは各細胞を伸長させる作用があることがわかっていたが，最近になって実際は細胞伸長を抑制している遺伝子の働きを抑制していることがわかった．

2-2．クローン増殖

動物でもクローン作製の実績がある種が増えてきているが，植物では既にクローンは当たり前の技術になっている．例えば，一般の家庭でもよく行われる挿し木や挿し芽は実はクローン増殖である．クローンという言葉の語源は，ギリシャ語で小枝を意味する「Klon」であり，元は挿し木を意味したが，現在では「遺伝的に同一である細胞や個体」を指す．従って，球根で増えるチューリップやイモで繁殖するジャガイモのように栄養繁殖する植物は，すべて元の植物と同じ遺伝情報をもつためにクローンの一例である（図 2.1）．イチゴのようにランナーで増える植物やランの仲間のように株分けで増える植物もクローン増殖をしていることになる．このような従来から知られていたクローン技術と比較して，より高度な「バイオテクノロジー」

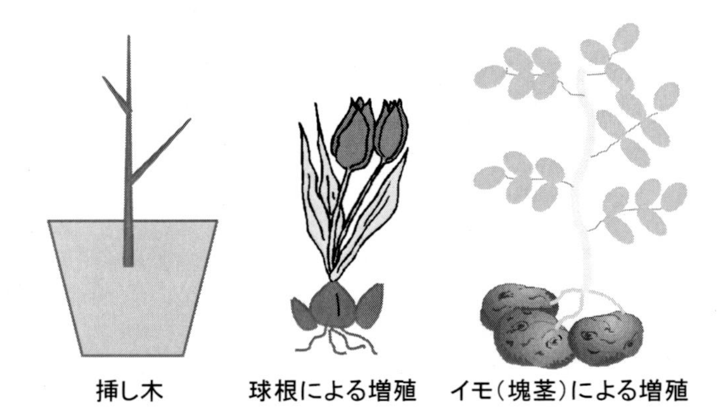

図 2.1　植物の栄養繁殖はクローン増殖
挿し木（挿し芽）や球根・イモによる増殖などの栄養繁殖はすべてクローン増殖である

を利用したクローン化技術が組織培養である.

植物の組織培養というと，一般には葉や茎などの組織や器官を適当な植物ホルモンを含む寒天培地上で培養して，脱分化した不定形の細胞塊であるカルスの状態で増殖させるカルス培養やそれらの細胞を振とうしながら液体培地中で増殖させる懸濁培養，試験管中の液体培地で多数の芽が分化した「苗条原基」の状態でゆっくり回転させて増殖させる苗条原基培養がよく行われる. カルスの状態の細胞を適当な植物ホルモンを含む寒天培地に移植することで，未分化状態のカルスからシュートや根を分化させることができる. これらは通常は元の細胞と同じクローンであるが，一般にはカルスや懸濁培養細胞では培養突然変異といってDNA レベルで様々な突然変異が生じることが知られている. 液体培地で培養される懸濁培養細胞も適当な植物ホルモンを含む寒天培地に移植することで，未分化状態のカルスからシュートや根を分化させることができるが，懸濁培養細胞はクローン増殖を目的とするというよりは物質生産や細胞レベルでの研究材料として利用されることが多い. 商業生産でクローン増殖を行う場合は，ラン以外では単なる増殖ではなく，生長点（茎頂）培養によるウイルスフリー苗の増殖を目的としている場合が多い.

高価で成長の遅いランのなかには組織培養による増殖方法が開発されたおかげで大幅に販売価格が低下して身近になったものがある. その代表例はコチョウランであろう. かつては一鉢が数万円で売られていたにもかかわらず，現在では数千円程度で購入することができる.

また，絶滅に瀕した野生植物を組織培養で大量増殖して自然界に戻す試みも行われており，商業的な増殖だけではなく生物多様性の保全のための手段としても組織培養が利用されている. また，組織培養したカルス・細胞を超低温で凍結保存することで，希少な植物を長期にわたって再増殖可能な細胞状態で保存する試みも行われている. ただし，増殖に適した培養条件（培地の栄養塩や植物ホルモンなど種類や濃度，培養温度，光条件など）は植物種や品種，系統ごとに異なるため，現在でもすべての植物で簡単に組織培養による増殖や保存が可能なわけではない.

2-2-1. 生長点（茎頂）培養とウイルスフリー苗

我々人間は日常生活の中で色々な細菌，糸状菌，ウイルスに感染しているが，普段は抵抗力があるために発病しない. 同様に自然界の植物も多数の細菌，糸状菌，ウイルスに感染している. 特にウイルスは意識されていないが，ほぼすべての農作物に感染しており，程度の差はあるが生長や，収量，品質に一定の被害を与えている．また，ウイルス病に対しては有効な農薬がほとんどないのが実情である．一方で，感染植物でも生長点だけはウイルスに感染していないことが知られている．そこで，この生長点を組織培養して苗を大量生産した場合にはウイルスに感染していない苗生産ができる．この苗はメリクロン苗（メリステム＝生長点のクローン苗），あるいはウイルスフリー苗とも呼ばれる．ウイルスに感染していないために生長がよく，収量も通常の苗と比較して多く，品質も良いという特徴があり，既に多くの植物で広く実用化されている．ウイルスフリー苗が普及している植物としては，野菜ではサツマイモ，イチゴ，ヤマイモ，ネギ，フキ，ニンニクなど，花卉ではキク，カーネーション，カスミソウ，スターチスなど，果樹ではブドウ，リンゴ，ナシ，モモなどがあり，これら以外にも多くの実用化例がある．生長点がウイルスに感染していない理由は明確にはわかっていないが，この部分は分裂活性が高く，ウイルスが感染するよりも早く細胞が次々分裂するためと考えられている．

2-2-2. ランの大量増殖

ランでは大量増殖を目的とした生長点培養が行なわれるが，ランの組織培養ではプロトコーム状球体（protocorm-like body: PLB）を形成させる条件を見つけることが重要である．PLB は生長点様の器官が表面に形成されたカルス状の細胞塊である．PBL はそのまま培養しているとシュートが伸長してくるので，増殖を目的とする場合は適宜分割して継代培養することで大量増殖が可能である．培地は，液体培地，固体培地，あるいは両方が適している場合がある．増殖した PLB をシュートと根の伸長に適した固体培地に移せば大量の再分化苗が得られる．

2-3. 細胞融合

メルヒャース(Melchers)博士（ドイツ）が，1978 年にジャガイモ（ポテト）とトマトの細胞融合植物であるポマトを作出したことをきっかけに植物の細胞融合が盛んに行われた時期があった．植物の細胞は細胞壁に取り囲まれているため，そのままでは融合できない．そこで細胞壁の成分であるセルロースやヘミセルロース，ペクチンを分解する酵素で処理してプロトプラストという細胞壁を溶かした裸の植物細胞をつくって融合させる必要がある（図 2.2)．セルロースを分解するセルラーゼやペクチンを分解するペクチナーゼは日本ではヤクルト本

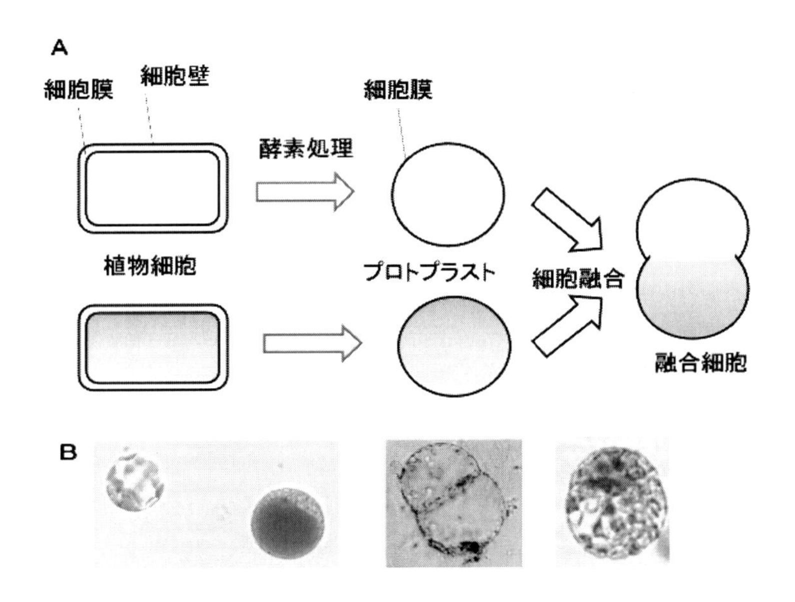

図 2.2　植物細胞のプロトプラスト化と細胞融合
A. プロトプラスト化と細胞融合の模式図, B. 単離されたムラサキキャベツとコマツナのプロトプラスト（左）とプロトプラストの接着（真中）, 融合（右）

社やキッコーマン（株）などが微生物（カビ）の培養によって生産して販売していた. プロトプラストの融合は, ポリエチレングリコールという化合物や高電圧の電気パルスなどで細胞膜の一部の構造を可逆的に乱す方法が利用される. 融合処理した細胞には, 期待される異種の細胞が融合したもののほかに, 融合していない細胞, 同種の細胞が融合したもの, 3 つ以上の細胞が融合したものなどが含まれるので, これらの中から目的の融合細胞を選抜するための工夫が必要である. 融合処理した細胞を, 単独の細胞では分裂しないような培養条件で培養し, 増殖したカルスの中から 2 種の植物を合わせた染色体数をもつものを選抜すればよい. 最近では DNA 鑑定によって容易に雑種かどうかを判定することも可能である.

Max-Planck-Institut（ドイツ）のメルヒャース博士は, 1978 年にジャガイモとトマトのプロトプラストを融合して「ポマト」を作りだして世界中から注目された. 一般にはポマトの作出では一つの植物からトマトとジャガイモの両方を収穫することが目的であると誤解されているが, 本当の目的はジャガイモのもつ耐寒性をトマトに導入することにあった. ポマトのイモは親指くらいの大きさで, 実はミニトマトより小さく, どちらも実用には程遠いものであったが，ポマトは品種改良のための母本として利用される予定であった．しかし，残念ながらその後ポマトをもとに寒さに強いトマトが開発されたという話は聞いていない．メルヒャース博士はその後日本の民間企業の顧問として植物バイオテクノロジーの実用化に携わったが，表立った成果は発表されていない．

ポマト以外にも様々な細胞融合植物がつくられている（表 2.3）．特に果樹試験場とキッコーマン（株）が共同で多数の木本の融合植物を作出している．これらの融合植物を作出した目的は，両者の優れた形質を併せ持つ母本として品種改良に利用することにあった．例えば，「オレタチ」の場合はカラタチのもつ耐病性をオレンジに採り入れるなどである．これらについても育種母本として有効に利用されたかどうかは明らかになっていない．

また，（株）植物工学研究所では，イネと C_4 植物のヒエを細胞融合して「ヒネ」を作出した．これはイネに C_4 型光合成の仕組みを取り入れることにあったが，残念ながらヒネは不稔（種子が実らない）であった．

植物の細胞融合で実用化された例は「非対称融合」の場合だけである．非対称融合とは，2 種の細胞の全体を融合させるのではなく，一部だけを融合させることを指す．例えば，A 細胞の葉緑体やミトコンドリアなどの細胞小器官を薬品などによって不活化（破壊）し，B 細胞の核を放射線や遠心処理によって取り除いて融合させれば，A 細胞の各遺伝子と B 細胞の細胞小器官をもつ雑種細胞ができる（図 2.3）．葉緑体やミトコンドリアは独自のゲノムをもっているため，細胞小器官のゲノムにコードされている形質は通常は母性遺伝するが，非対称融合によって核と葉緑体，あるいはミトコンドリアを自由に組み合わせることができる．イネの細胞

表 2.3　細胞融合で作出された主な雑種植物

融合材料	雑種植物	作製者（団体）
ジャガイモとトマト	ポマト	Max-Planck-Institut（独）
オレンジとカラタチ	オレタチ	果樹試験場，キッコーマン（株）
ウンシュウミカンとネーブルオレンジ	シュウブル	同上
グレープフルーツとネーブルオレンジ	グレーブル	同上
マーコットとネーブルオレンジ	マーブル	同上
ユズとネーブルオレンジ	ユーブル	同上
ヒエとイネ	ヒネ	（株）植物工学研究所

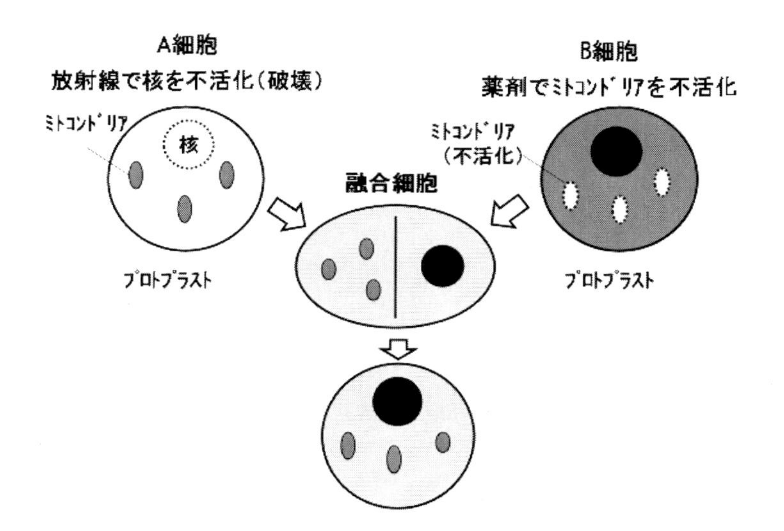

図2.3　非対称融合

質雄性不稔という性質はミトコンドリアの遺伝子がコードしているため，特定の優良イネ品種（優良形質は核の遺伝子がコードしている）の核と細胞質雄性不稔イネのミトコンドリア（実際にはミトコンドリアを含む細胞質）を非対称融合して優良イネ品種に雄性不稔という性質をもたせた例が報告されている（Akagi et al. 1989）．雄性不稔イネは花粉を作らないため，他のイネと交配して「ハイブリッド（F_1）種子」を採種するために利用される．

ジャガイモとトマトの細胞融合でも，ガンマ線を照射して染色体を部分的に切断したジャガイモのプロトプラストとトマトのプロトプラストによる非対称融合が検討された（Schoenmakers et al. 1994）．この非対称融合では，ジャガイモのゲノムはガンマ線照射によって大部分は破壊されており，実質的には一部の遺伝子のみがトマトに導入されることになるため，多数の不特定遺伝子を導入する遺伝子組換えと見ることができる．細胞融合では，融合する2種の植物の全遺伝子が一緒になるため，両者のいいとこ採りというよりは，実際には悪いところ採りとなってしまう．その理由としては，多くの栽培植物では交配と選抜によって多数の遺伝子の組み合わせの中からエリート（人類にとって都合がいいという意味で）を選びだしているため，他の遺伝子が混入することで最適な遺伝子の組み合わせバランスが失われてしまうことにあると考えられる．従って，細胞融合によって直接優良な品種（種）を作出することは宝くじに当たる以上に困難である．それに引き換え，非対称融合によって特定の形質のみを導入することは合理的であるといえる．

ここで説明したように，細胞融合は多数の遺伝子を一度にまとめて導入する「遺伝子組換え技術の一種」と見ることができる．従って，現在では細胞融合も遺伝子組換えと同様にカルタヘナ条約を担保する国内法である「遺伝子組換え生物等の使用等の規制による生物の多様性の確保に関する法律」に基づいて研究を行う必要がある．

ちなみに，「ハクラン」はハクサイとキャベツとの種間交雑により作出された雑種植物であり，細胞融合植物ではないが，種間雑種であるハクランの受精胚はそのままでは育たなかったため，試験管培養によって正常な植物体にしており，やはり組織培養というバイオテクノロジーが利用されている．ハクランは実際に新種の野菜として販売されている．

2-4. 培養細胞による物質生産

2-4-1. 一次代謝産物と二次代謝産物

生物の代謝産物は一次代謝産物(primary metabolite)と二次代謝産物(secondary metabolite)に分類される．一次代謝産物とは，生体を維持するのに必須の物質群であり，多くの生物にとって共通の化学成分である．例えば，蛋白質，炭水化物，脂質，DNA，RNA など高分子化合物およびその構成単位である核酸，アミノ酸，単糖類，脂肪酸などである．その他，高等植物に含まれるリグニン，セルロースも植物の基本的要素である細胞壁の基本成分であるので，一次代謝産物とされる．これに対して，一次代謝系から派生してできたもので，生物にとって必ずしも必須ではない成分が二次代謝物である．例えば，植物の生産する色素，薬効成分などの二次代謝産物は，光合成によって生産される糖などの一次代謝産物と比較して植物の生長に直接必要ではない．二次代謝産物はそれぞれの生物にとって固有の産物である場合が多い．

植物の二次代謝産物の総数は約 100 万種と推定されており，動物の二次代謝産物に比較して極めて多い．植物の二次代謝産物は，薬用成分をはじめとして人類にとって有用な物質が多く含まれており，通常は畑などで栽培した植物や野生植物から抽出して利用される．しかし，これらの植物中の二次代謝産物は生産量が少なかったり，品質や含有量にバラツキが大きいなどの問題が多い．そこで，工場のタンク（培養槽）内で培養した植物細胞に二次代謝産物を作らせることができれば，工業的に低コストで安定した品質の物質が生産できると期待される．しかし，二次代謝産物の生合成経路は複雑に制御されており，培養細胞で人為的に目的の物質を大量に生産することは容易ではない．一般に，植物体中の二次代謝産物は蓄積器官（例えば根）の生長が一定の状態に達した後に蓄積量（例えばサポニン）が増大する．培養細胞は盛んに増殖しているため，生理的には成長過程にある組織・器官の細胞に似ていると考えられ，そのために物質生産は起きにくい．この点を解決するためには，二段階培養が行われる．すなわち，最初の段階で細胞を大量に増殖させ，その後に細胞を二次代謝産物の生合成に適した培養条件に移すものである．しかし，実際には脱分化した状態の培養細胞に二次代謝産物を生合成させることは難しく，成功例は一部の色素成分などに限られている．最近では，メタボローム（メタボロミクス）解析（3-2-4．メタボローム解析参照）による各種条件下での代謝物の網羅的解析や分子レベルで各種の代謝制御機構の解明が進んでいるため，近い将来に培養細胞の物質生産についても大きなブレイクスルーが達成されることが期待されている．

以下に培養細胞による物質生産の実用化例をいくつか述べる．

2-4-2．培養細胞による色素の生産

ムラサキ（*Lithospermum erythrorhizon*）という植物は多年生の草本であり，主根のコルク層に紫色のシコニン誘導体が蓄積する．ムラサキの根は昔から漢方薬として利用されていた．京都大学の田端らがムラサキの組織培養に成功し，さらに三井石油化学工業（株）は，ムラサキの細胞をタンク培養してシコニンを大量生産することに成功した．1984 年に当時のカネボウ化粧品がこの培養細胞由来のシコニンを色素原料としてバイオ口紅「レディ 80 BIO リップスティック」を開発・販売して，人気歌手による宣伝効果もあって大ヒットした．これは植物原料を工業的に生産した最初の実用化例である．ムラサキの細胞は，培地の種類を変えることによって細胞増殖を維持する状態からシコニン生産する状態に容易に変換することができる．具体的には，窒素源として NH_4^+ を含む培地ではシコニン系化合物は生産されないが細胞の増殖速度は極めて大きく，窒素源として NO_3^- のみを含む培地ではシコニン系化合物が生産されるが細胞の増殖速度が小さいことを見出し，これらの 2 種類の培地を組み合わせた二段階培養法（図 2.4）によって効率的にシコニンを生産できるようになった（藤田ら 1986）．また，多数の細胞の塊である組織や器官から誘導したカルスは，一般にヘテロな集団（突然変異などが生

じるため，すべての細胞が遺伝的に同一ではない）であり，物質生産においても能力の異なる雑多な細胞から成っている．そこで，ムラサキの培養細胞をプロトプラスト化し，それらを培養・増殖して得られた細胞系統の中からシコニン生産量の高い細胞系統を選抜（細胞選抜）することで生産性を高めることにも成功した（図 2.5）．また，ムラサキの細胞に酸性多糖やジャスモン酸を処理することでシコニン生産が誘導されることも報告されている．
その後，三井石油化学工業（株）はイチイという植物の細胞を培養して，タキソールという抗がん剤の原料であるパクリタキセルを生産させることにも成功した．

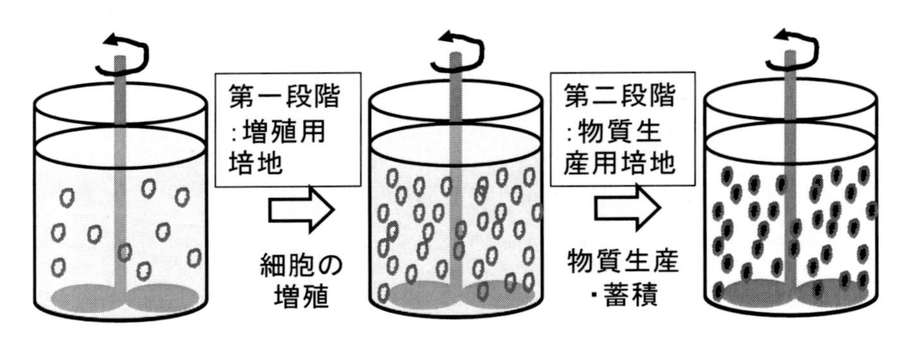

図 2.4　二段階培養法による物質生産

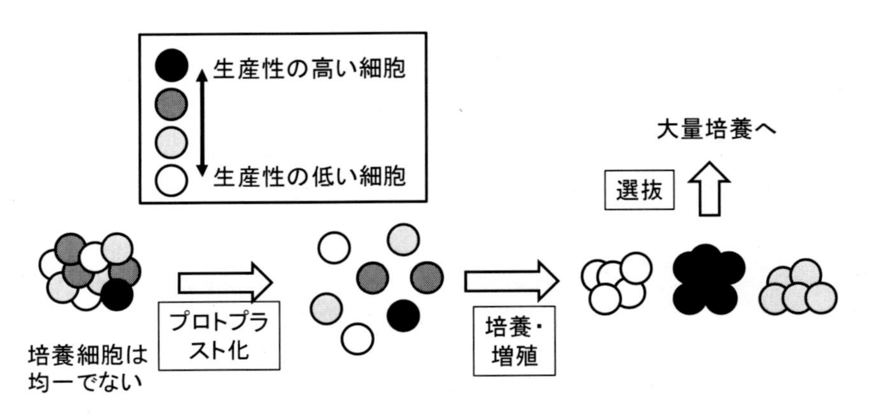

図 2.5　高生産細胞の細胞選抜

2-4-3. 組織培養による薬用成分の生産

日東電工（株）は，オタネニンジン（*Panax ginseng*）の根の組織培養により，根に含まれる薬用成分であるジンセノライドを生産することに成功した．オタネニンジンとは朝鮮人参のことである．同社では，オタネニンジンの根を 20 トンタンクで培養し，培養根のジンセノライドの含有量は天然の朝鮮人参と同等以上であった．同社では，この培養根から抽出したオタネニンジンエキスを事業化することに成功した．

第 2 章の演習問題

（1）一次代謝産物と二次代謝産物について 200 字以内で説明しなさい．

（2）培養細胞による二次代謝産物の生産が困難な理由について述べなさい．

（3）クローンについて 100 字以内で説明しなさい．

（4）ウイルスフリー苗について説明しなさい．

（5）新たな細胞融合植物について，あなたのアイディアを提案しなさい．何と何を融合してどのような形質を育種目標とするかについて説明しなさい．対称融合，非対称融合のどちらでもよい．

（6）植物培養細胞による有用物質の生産についてについて，あなたのアイディアを提案しなさい．どのような細胞を用いて何を生産するかについて提案しなさい．

第 2 章の参考文献

Murashige T, Skoog F (1962) A revised medium for rapid growth and bioassays with tobacco tissue cluture. Physiol Plant 15: 473-497

藤田泰宏，菅忠三，松原浩一，原康弘 (1986) 植物細胞培養によるシコニン系化合物の生産　日本農芸化学会誌 60: 849-854

Schoenmakers HC, van der Meulen-Muisers JJ, Koornneef M (1994) Asymmetric fusion between protoplasts of tomato (*Lycopersicon esculentum* Mill.) and gamma-irradiated protoplasts of potato (*Solanum tuberosum* L.): the effects of gamma irradiation. Mol Gen Genet 242: 313-320

Akagi H, Sakamoto M, Negishi T, Fujimura T (1989) Construction of rice cybrid plants. Mol Gen Genet 215:501-506

第3章　植物遺伝子工学と基本技術

植物遺伝子工学（plant genetic engineering）とは，遺伝子組換え技術（recombinant DNA technology）を用いて人類に有用な植物の個体や細胞を作出する学問である．この章では，基本的な知識・技術や最新の技術について解説する．

ちなみに，遺伝子組換え技術や食品の表記としては，遺伝子「組み換え」ではなく，遺伝子「組換え」が正しいが，マスメディアをはじめとして専門家（大学教員や研究者）でさえも間違った用語を用いている場合が多い．言葉は時代によって変化するものであるので，「遺伝子組み換え」が正しい用語になる時代が来るかもしれないが，現時点においては法律用語や検定済みの高校教科書の用語としては，「遺伝子組換え」に統一されており，本書でも正しい用語を用いる．

3-1. ゲノムDNAとcDNA

真核生物では，細胞の核内でゲノムDNA上にあるタンパク質をコード（暗号化）している塩基配列（構造遺伝子）が転写されてmRNAがつくられる（図3.1）．このmRNAは核膜孔から細胞質に移動して，リボソームでmRNAのコドンに従ってアミノ酸が連結されてタンパク質に翻訳される（図3.1）．ゲノム上にはタンパク質としては利用されない情報が多数存在するが，mRNAを解析すればゲノム上のタンパク質をコードする塩基配列だけを選択的に解析できることになる．ただし，mRNAは分解しやすく，取り扱いも容易ではないので，転写物を解析する場合は，逆転写酵素を使ってmRNAを転写の逆反応（逆転写）によってDNAに変換してから解析する．この逆転写されたDNAをcDNA（complementary DNA：相補的DNA）という．cDNAはゲノムDNAの重要な部分を濃縮したエッセンスといえるので，cDNAの解析はゲノム解析よりもある意味で効率が良い．通常はmRNAに対合する一本鎖DNAを合成した後にmRNAを分解して，残った一本鎖DNAに対合する（相補的な）DNAも合成して2本鎖DNAを合成する．ちなみに，DNAというと通常は2本鎖を指す．

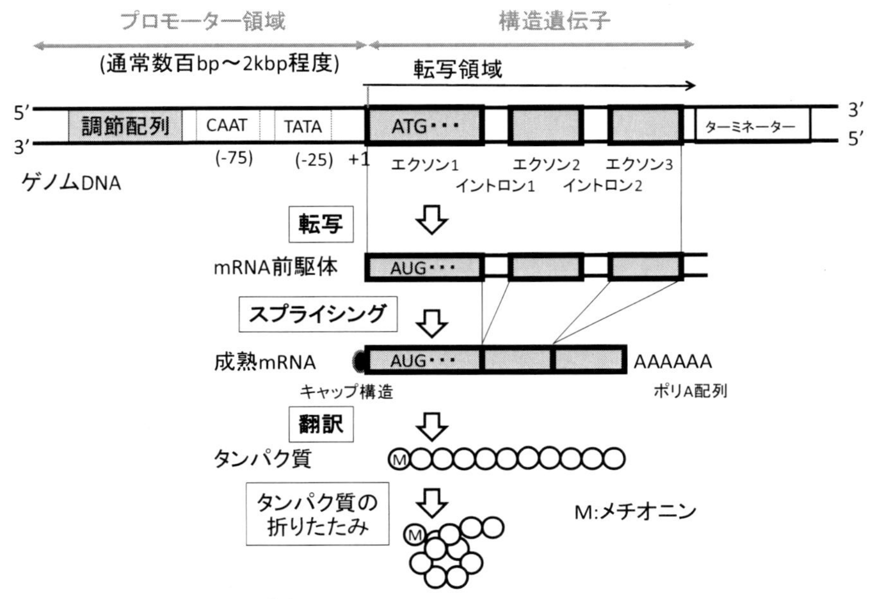

図3.1 真核生物の遺伝子の構造と発現

一般に植物遺伝子を組換える場合では，ゲノムDNAよりもcDNAが利用されることが多い．cDNAは遺伝子うちでタンパク質をコードしている部分だけなので，細胞中で発現（転写）させるためには発現制御領域であるプロモーター（図3.1）と連結してから導入しなければならないが，裏返して言えば適切なプロモーターを自由に選択できるともいえる．

3-2. Ome（オーム）とOmics（オミクス）

ゲノムgenomeという言葉は，遺伝子geneと「全体」という意味の接尾語のomeを合成した「遺伝子の全体」という意味を表している．さらに，遺伝子の全体を扱う科学をゲノミクスgenomicsという．遺伝子に限らず，生物のもつ多量の情報を網羅的・体系的に収集して解析する科学がomicsとよばれる．タンパク質の全体とそれを扱う科学をプロテームproteome，プロテオミクスproteomics，転写物（mRNA）の全体とそれを扱う科学をトランスクリプトームtranscriptome，トランスクリプトミクスtranscriptomicsという．これら以外にも，表現型の場合にはフェノーム phenome, フェノミクス phenomics, 代謝物の場合はメタボローム metabolome, メタボロミクス metabolomics など, 様々な生物学的な情報を網羅的・体系的に扱う科学が生まれている. それに伴い, これらの莫大な情報を体系的に解析するためのシステム生物学やバイオインフォマティクスと解析した情報を整理・公開するための各種データベースの開発が益々重要になってきている.

3-2-1. ゲノム (genome) 解析

植物のゲノム解析はシロイヌナズナが2000年, イネが2005年に終了した. これらのゲノム解析ではショットガンシーケンス (図3.2) というゲノムDNAを制限酵素などで重なりのある短い (数kb) ランダムなDNA鎖に切断し, それらを網羅的にプラスミドベクターにクローニングして作成したライブラリー (図書館の本のように網羅的に収集されたクローンのセット) に対して片っ端から塩基配列を決定 (シーケンス) する方法がとられた. シーケンサーとしては主にキャピラリーシーケンサーという細いガラス管を使って DNA を電気泳動して分離する方法が使われた. この方法では, 数万~数十万種のクローンを作製して, 一つ一つプラスミドを精製し, シーケンスするため, 非常に手間と時間がかかった. 得られた配列の重なりあった部分をもとにコンピュータプログラムを用いてアセンブル (組み立て) してもとの長い配列に再構築した. 繰り返し配列が多い領域などはこの方法では全体像が分かりにくいため, YAC (Yeast Artificial Chromosome:酵母人工染色体) やBAC (Bacterial Artificial Chromosome:バクテリア人工染色体) クローンなどのより長い断片 (10kb~数百 kb) をクローニングできる染色体ベクターも併用してシーケンスとアセンブルを行った.

一方, 最近では次世代シーケンサーという, 従来のシーケンサーと比較して短い DNA 断片 (50-400b) しか解読できないが, 飛躍的に多数の断片 (100万~20億) を並列的に短時間で解析できる方式を使った解析が主流になっている. 次世代シーケンサーを使えば一度に総計で数十Mb塩基を解読可能なため, かつては何年もかかって解読したヒト, イネ, シロイヌナズナのゲノムも数日で解読できる. ただし, 配列が短いためにアセンブルが困難である. 従って, 既に解析が終わって全体像が分かっているイネの多様な品種のゲノム解析を次世代シーケンサーを用いて行うような場合には, 既知のゲノム配列を参考に容易にアセンブルできるが, ゲノム情報がない (ゲノムシーケンスが行われていない) 生物の場合は膨大なシーケンスデータは得られるが, 連続したゲノム情報として取りまとめることは非常に困難となる. 実は, シロイヌナズナやイネ（あるいはヒト）のゲノム解析が終了したといっても，それぞれ「Columbia」と「日本晴」という品種（系統）の解析をしただけであり，他の品種（系統）は多少なりとも異なる配列を持っていて，その差が様々な形質の差となって表れているので，今後も各種生物の多様な品種や系統の全ゲノム配列の解読は非常に意味があることである．シーケンサーの能力は急速に高度化しており，近い将来にはヒトのゲノムも数日で１万円程度で解析が可能となると予想されている．ヒトではこれにより，あらかじめ一人ひとりのゲノムを解読することで各自に合った薬や治療を受けられるようになると同時に，もっている遺伝子によって保険や結婚における差別やスポーツの潜在能力による選別などが行われる可能性が指摘されている．植物の場合は，品種による各種のストレス耐性，味，成分などの形質の違いの解明が容易になると期待される．

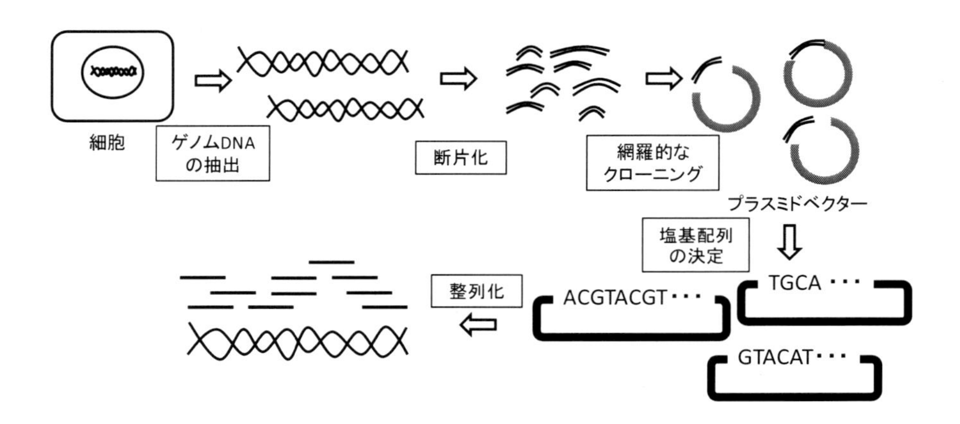

図3.2 ショットガンシーケンスによるゲノム解読

3-2-2. トランスクリプトーム（transcriptome）解析

トランスクリプトームとは転写物，すなわちmRNAのことであり，これを網羅的に解析するのがトランスクリプトーム解析である．方法としては，主にマイクロアレイ解析とEST解析（最近では網羅的なcDNA解析）が行われる．

マイクロアレイとは，各種遺伝子を基板上に合成したり，cDNAをガラス板上にスポットしたものであり（図3.3），一つの生物種が持っている数万種の遺伝子（cDNA）をすべて網羅したマイクロアレイがヒトやシロイヌナズナなどでは販売されている．これに細胞から抽出したRNA から合成したターゲット（cDNA あるいは cRNA）を蛍光色素などで標識してハイブリダイズさせる．ハイブリダイズとはDNA やRNA が相補的な鎖と 2 本鎖を形成する性質を利用して，マイクロアレイ上の配列（プローブという）にそれらと相補的なターゲット配列（多数の cDNA あるいは cRNA の混合物）を会合させる（2 本鎖を形成させる）ことである．これにより，ターゲット中に多数存在している（発現量が多い）cDNA あるいはcRNA と同じ配列をもつマイクロアレイ上のスポットは，多数のターゲット分子が結合するため，より強い蛍光シグナルを発する（図 3.3）．従って，各スポットのシグナル強度を定量することで，ターゲット中の各遺伝子の発現量を調べることができる．

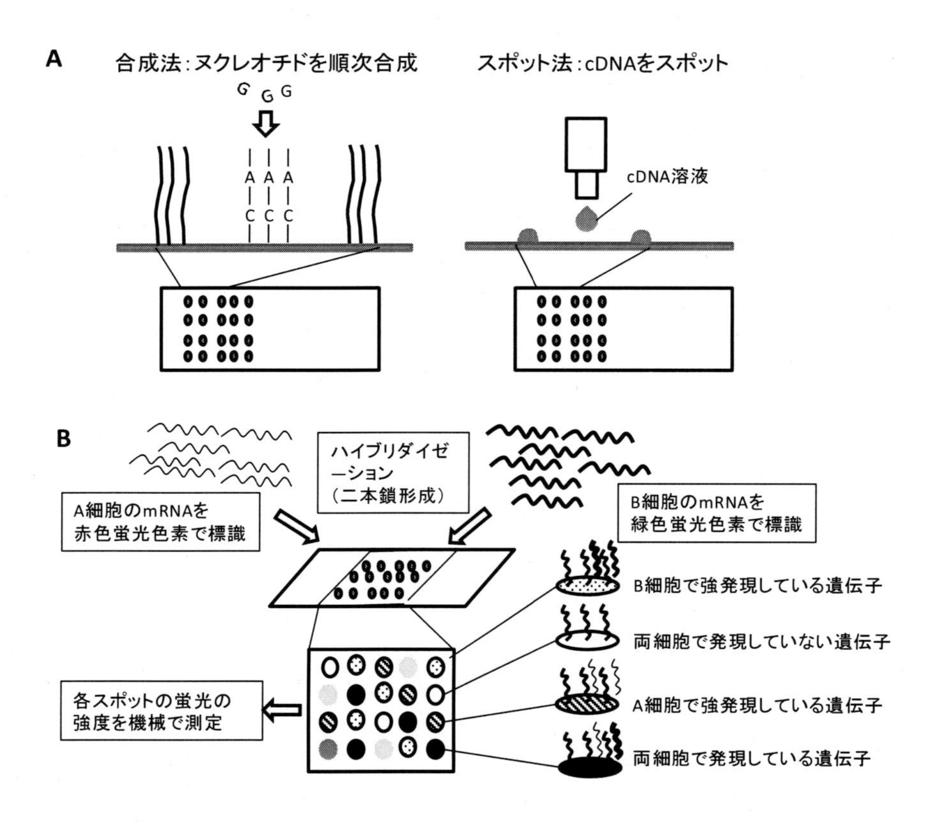

図3.3 マイクロアレイの作製（A）と使用法（B）

マイクロアレイは非常に定量性の高い便利な手法であるが，遺伝子配列が既知でなければ作製できないため，当然のことながらゲノム情報あるいはcDNA情報が得られている生物にしか適用できない．

EST（expressed sequence tag）解析は，cDNAライブラリーからランダムに選んだ大量のクローンの5'末端（あるいは3'末端）から数百塩基の配列を決定してデータベース化する．従って，EST解析はゲノム情報がなくても行うことが可能である．大量のEST解析結果をヒストグラム化することで，各遺伝子の転写量を定量することができる．最近では，次世代シーケンサーを使用して大量のRNAの塩基配列を直接解読してゲノム配列のデータと照合することで，より正確に各遺伝子の発現量を定量するとともに，新規の転写領域や新規のスプライシングバリアントの同定も網羅的にできるRNA-seqという手法が利用可能になった（図3.4）．これにより，これまで転写されていないと考えられていたゲノム領域が転写されていることやスプライシングのパターンが複数あるような遺伝子が発見されている．

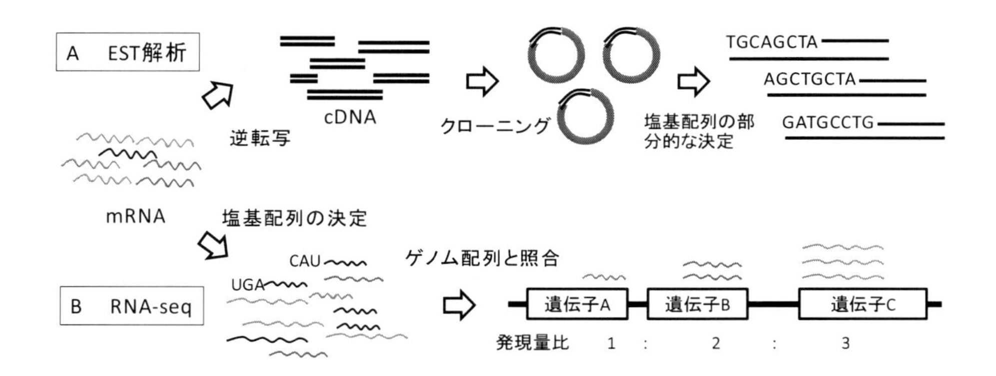

図3.4 EST解析(A)とRNA-seq(B)

3-2-3. プロテオーム（proteome）解析

プロテオーム（proteome）解析は，生体内のすべてのタンパク質の発現を網羅的に調べることである．プロテオーム解析は概略するとタンパク質の分離と質量分析から成り，まず細胞や組織から抽出したタンパク質を二次元電気泳動法によって分離し，定量する（図3.5）．次に，

質量分析機 (mass spectrometer, MS) という機器で各タンパク質の分子量を測定する. MS は, 未知の物質の分子量を高精度で測定して構造を推定することができる機器である. ちなみに, 田中耕一氏はMS用の画期的なサンプル処理法を開発したことにより2002年にノーベル化学賞を受賞している. MS によって目的のタンパク質の分子量を精密に測定して, データベースから測定値と同じ分子量を持つタンパク質を検索することでタンパク質の同定が可能である. 例えば, タンパク質ではないが, わかり易い例を挙げると, 酸素 (O_2) とメタノール (CH_3OH) は共に分子量は32で同じであるが, 正確にいうと酸素の分子量は31.9988であり, メタノールは32.04186である. このように, ほとんどの物質において, 質量を精密に測定できれば, その質量になる元素の組み合わせは限られているために分子式を推定することが可能である. もちろん, 大きな分子は組み合わせが複雑なため, いくつかの小さな物質に分解してからそれぞれの質量を測定する.

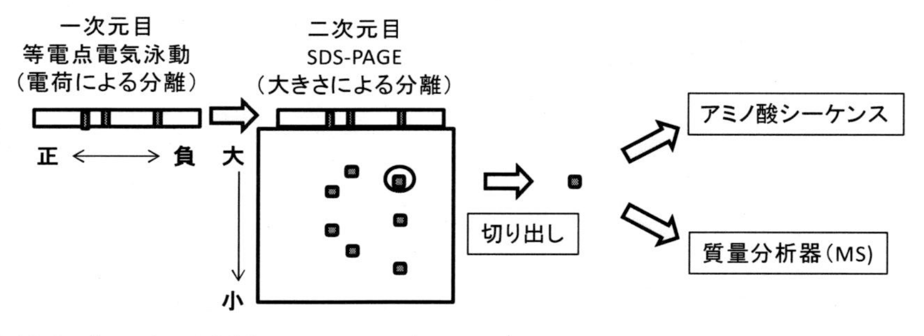

図3.5 プロテオーム解析

二次元電気泳動法では, まず等電点電気泳動という電荷勾配のあるゲル中で電気泳動する方法で, 物質の荷電状態に応じて分離を行い, 次にSDSゲル電気泳動によって物質の分子量に応じた分離を行うことでサンプル中のタンパク質を2次元的に分離する (図3.5). これらのタンパク質スポットの量を画像解析などで定量するとともに, 各スポットを切り取って回収し, 次にMSにかけることで各タンパク質の同定を行う. このようにして, 様々な組織由来の多数のタンパク質について網羅的に発現量 (存在量) を調べることができる. これらのデータをメトランスクリプトームやメタボロームのデータと比較することで, 各種代謝経路や翻訳, あるいは翻訳後の活性調節などに関する情報を得ることができる.

3-2-4. メタボローム (metabolome) 解析

生物は代謝によって多様な化合物(代謝物)を生産している. 生体内に存在する糖, アミノ酸, 有機酸, 脂肪酸, ビタミンなどの全代謝物を網羅的に解析することをメタボローム(metabolome)解析という. 代謝物の分離と同定は, 主にクロマトグラフィーと質量分析器 (MS) 等の機器によって行なう. まず, キャピラリー電気泳動 (CE), ガスクロマトグラフィー (GC), そして高速液体クロマトグラフィー (HPLC) などを利用して分離した代謝物をさらにMSを用いて同定する (図3.6).

メタボローム解析によって, どのような代謝物が蓄積しているかがわかるため, 生合成系路のどこが活性化され, どこが抑制されているかなどの情報を得ることができる. さらに, これらの情報とトランスクリプトームやプロテオームの情報を合わせることで, 目的とする代謝物(例えば培養細胞中の色素)を産生するために必要な遺伝子の発現制御や酵素の活性制御などを行ううえで重要な情報が得られる (図 3.7). 植物細胞における代謝物生産制御は非常に複雑で, 人為的な制御はこれまで困難であったが, メタボローム解析によって植物による物質生産性の制御に大きなブレイクスルーがもたらされると期待されている.

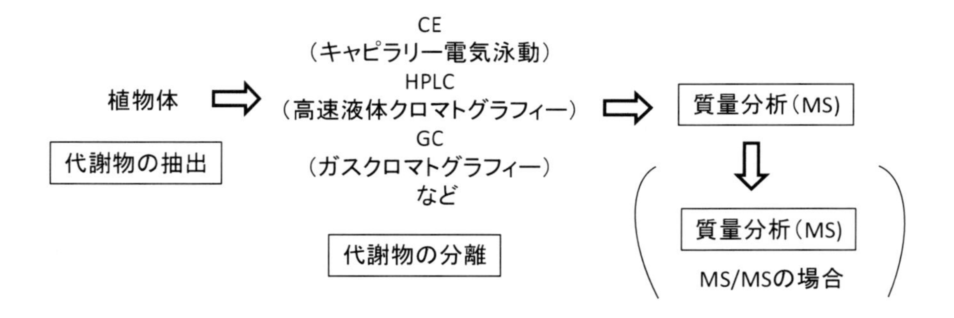

図3.6 メタボローム解析

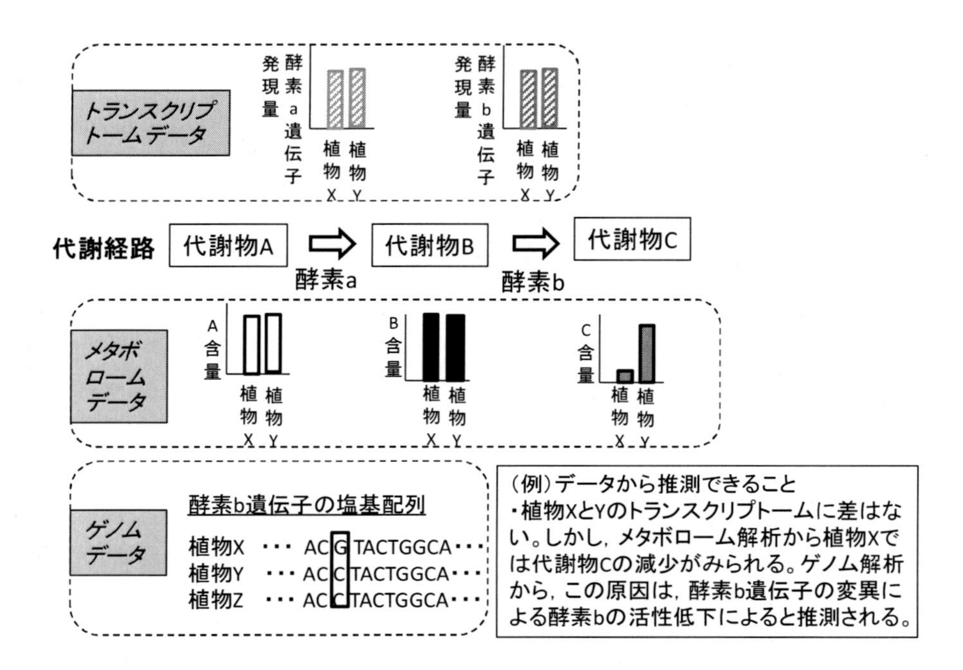

図3.7 オームデータの解析からわかること

3-2-5. その他の-ome解析

その他にも植物の個体の発芽から成熟までの全ステージをカメラによって撮影して網羅的に表現型の解析を行うフェノーム（phenome）解析や生体の中に含まれる元素の種類と量を網羅的に解析するイオノーム（ionome, elementome ともいう），同様に糖（炭水化物）を網羅的に解析するグライコーム（glycome），脂質を網羅的に解析するリピドーム（lipidome）などの様々な-ome 解析が行われている．さらに，各種オーム解析の情報を統合して扱う統合的オーム解析も行われる．

3-2-6. 統合データベース

各種の-ome 解析の情報は，単独のデータベースとして登録・公開されるほか，各種の-ome 解析のデータや関連情報などのデータと統合してデータベース化され，研究者が利用しやすい形で公開され，さらに日々改良が加えられている．

例えば，シロイヌナズナの場合は TAIR（The Arabidopsis Information Resource：http://www.arabidopsis.org/）において，遺伝子や野生系統（ecotype），変異体の情報はもちろん，各種検索システム，データのグラフィック表示システム，プロトコールなどの情報が網羅されている．例えば，「Gene search」を利用して遺伝子名，AGI コードなどを入力すれば，染色体上の位置，ゲノム配列，cDNA 配列，機能，マイクロアレイによる発現解析情報，多型情報，フェノタイプ，タグライン，論文情報などの非常に多数の情報が得られる．

イネの場合は GRAMENE（http://www.gramene.org/）に様々な情報が体系的にデータベース化され，各種情報とリンクする形で整理され公開されている．従って，ある遺伝子について調べたいときに，このようなデータベースを利用すれば，ゲノム，トランスクリプトーム，プロテオームなど ome 情報や論文情報などの各種情報を容易に網羅的に得ることができる．また，イネゲノムプロジェクトの成果については，イネアノテーションプロジェクトデータベース（RAP-DB：http://rapdb.dna.affrc.go.jp/）を利用することができる．

トマトについてはトマトのナショナルバイオリソースプロジェクトの HP（http://tomato.nbrp.jp/relatedSitesJa.html）が The International Tomato Sequencing Project などの各種関連データベースにリンクしている．マメ科のミヤコグサとダイズについては，マメ科のナショナルバイオリソースプロジェクトの Legume base の HP（http://www.legumebase.brc.miyazaki-u.ac.jp/）がミヤコグサとダイズの各種データベースにリンクしている．

植物のメタボロームのデータベースとしては KNApSAcK（http://kanaya.naist.jp/KNApSAcK_Family/）が優れている．

日本では，これらの植物関連データベースを統合した Plant Genome Database Japan が整備されている（ポータルサイト PGDBj は，http://pgdbj.jp）．ここから特定のデータベースにアクセスしたり，データベース横断的に検索をかけることができる．

世界的には，米国の NIH（National Institutes of Health）が運営する NCBI（The National Center for Biotechnology Information：http://www.ncbi.nlm.nih.gov/）は，長らく医薬学，

生命科学，生化学，すべての生物種のゲノム情報などのデータベースの中心的な役割を果たしてきた．このデータベースにはゲノム，cDNA，タンパク質の配列，発現，ドメイン・構造，関連文献など様々なデータベースが統合されており，その中のツールである「PubMed」を使用すれば，医薬学や生命科学，生化学などに関する文献情報を網羅的に検索することが可能であり，バイオ関連の研究者は必ず使用するといっても過言ではない．検索プログラムの「blast」を使えば，各種生物の塩基，アミノ酸配列データベースに対して網羅的に相同性検索を行うことができる．

3-3．モデル植物

普遍的な生命現象を解明するための代表的な材料として利用される生物をモデル生物という．植物ではシロイヌナズナ（*Arabidopsis thaliana*）が代表的な双子葉のモデル植物として利用されている．その理由としては，一世代が短い（2 カ月程度），ゲノムサイズが小さい，遺伝学的な解析が進んでいる，多数の突然変異体がある，植物体が小さく扱いやすいなどが挙げられる．ある遺伝子の機能を調べる場合に，一般には比較的近縁の植物であれば機能はもちろん，塩基配列や発現制御機構などの点で共通性が高いので，扱いやす植物を研究材料とした方が効率的に研究できる．例えば，ナタネの研究を行うために 1000 個体の植物を育てるとした場合，広い圃場が必要となり，栽培期間も半年ほどかかるが，同じアブラナ科のシロイヌナズナを利用すれば実験室内で 2 カ月の期間で栽培できるので効率が良い．

モデル植物は世界中の多数の研究者が研究材料として利用するため，多くの知見が蓄積されたり，多数の遺伝資源（突然変異体など）が作出されたりすることで，さらに研究に利用しやすくなるという好循環が生まれる．モデル植物は後に述べるタギングライン（3.8）も充実している．

植物にも多数の種類があるため，双子葉のシロイヌナズナ以外にも単子葉植物のモデル植物としてはイネ（*Oryza sativa*），マメ科植物のモデル植物としてはミヤコグサ（*Lotus japonicus*）などもよく利用されている．トマトではミニトマトより小さい「マイクロトム」という系統が背丈も小さいため，研究材料としてよく利用される．最近ではイネ科のモデル植物として，イネよりもはるかに小型で実験室でも育てやすいミナトカモジグサ（*Brachypodium distachyon*）が注目されている．

3-4. 遺伝子の発現調節

植物を含む真核生物の遺伝子は，大まかに分けてタンパク質の情報をコードしている構造遺伝子とその上流の5’側に位置している転写調節を行うプロモーター領域，および構造遺伝子の下流の 3’側に位置している転写終結因子であるターミネーター領域の 3 つから成る（図 3.8）．構造遺伝子はさらに，成熟mRNA になるエキソンと転写後に成熟mRNA になる段階で切り取られるイントロンから成る．

プロモーター領域にはRNA ポリメラーゼが結合する−35 ボックスや−10 ボックスなどの多くの遺伝子に普遍的なコンセンサス（調節）配列や特定の遺伝子に特徴的な転写因子が結合するコンセンサス（調節）配列が存在する．例えば，乾燥に応答して転写される遺伝子のプロモーターには，乾燥特異的な転写因子（例えばDREB1A：Dehydration Responsive Element Binding Protein 1A など）が結合するDRE 配列（TACCGACAT）が存在する．逆に，この配列がプロモーター領域にあれば，その遺伝子は乾燥に応答して発現することが予想される．プロモーター部位にはこのようなコンセンサス配列が複数存在するが，DRE 配列のようにコンセンサス配列が

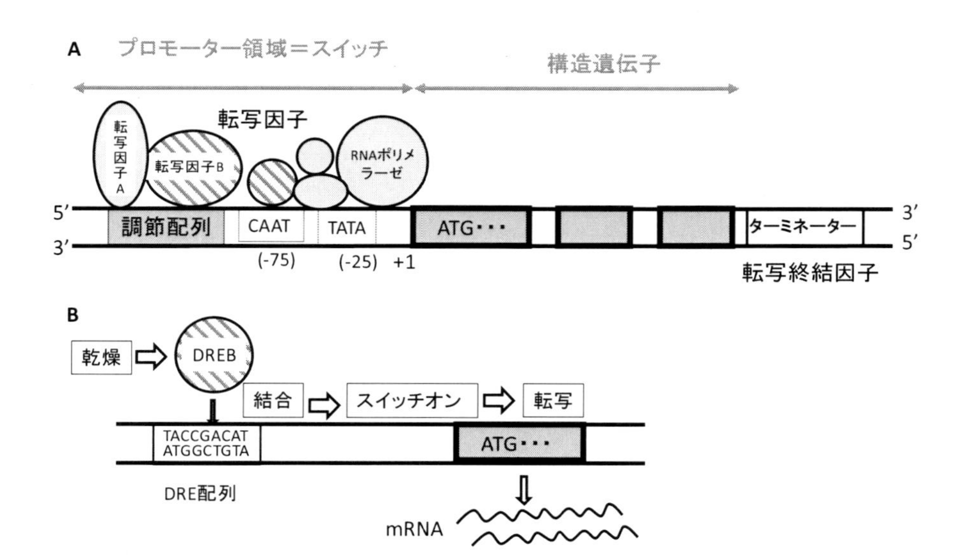

図 3.8 遺伝子の発現とプロモーター
A. プロモーターに各種の転写因子が結合することでmRNA の転写が始まる．, B.　DREB 転写因子による乾燥応答的な転写開始．

明確に決まっているとは限らず，緩やかな規則性しかない場合もある．その場合には，実際に調節配列として働くかどうかは実験的に調べる必要がある．これらの調節配列によって，そのプロモーターの下流の遺伝子がいつ，どこで，どれくらいの強さで働く（転写される）かが決められており，プロモーターはしばしばスイッチに例えられる（図 3.8）．従って，遺伝子組換えを行う場合には，プロモーターの選択が重要である．例えば，青い花の咲く植物を作ろうとする場合は，青色の色素をつくる酵素の遺伝子を花弁で発現するプロモーターで制御しなければならない．

さらに，遺伝子の発現には，構造遺伝子から転写されるmRNA を終結させてポリ A 配列を付加するターミネーターも重要である．ターミネーターが確実に転写を終結させることが，mRNA のタンパク質への翻訳効率などに影響していることが分かってきており，外来遺伝子を安定的に強く発現させるには適切なターミネーターの選択も必須である．

3-5. 発現ベクターの構築

特定の遺伝子を植物に導入して発現させるためには，そのゲノム遺伝子，あるいはcDNA をクローニング*しなくてはならない．ゲノム遺伝子の場合は，本来のプロモーター，構造遺伝子，ターミネーターまでがセットになっているので，そのままセットでクローニングすれば導入・発現が可能である（図3.9）．cDNA の場合は，目的によって適切なプロモーターとターミネーターを接続して「発現ベクター」を構築してから導入する（図 3.9）．多くの場合，ベクター*としては大腸菌で自律的に増殖可能なプラスミドという環状DNA を用いる．クローニングと発現ベクターの構築には，制限酵素とリガーゼが使用される．制限酵素はハサミ，リガーゼは糊に例えられる．制限酵素は多数の種類があるが，切断できる塩基配列が決まっているため，いつでも都合のよい位置でDNA を切断できるとは限らない．例えば，EcoRI という酵素は，GAATTC という 6 塩基の回文配列を認識して，2 重らせんの両鎖の 1 番目のG と 2 番目の A の間でDNA を切断するので，図3.10 のような階段状の切断末端ができる．この切断末端は相補的な切断末端（すなわち，同じ EcoRI で切断した断片）とのみリガーゼで結合できる．異なる切断末端をもつDNA 断片を連結したい場合は，T4 DNA ポリメラーゼという酵素で平滑末端化（階段状の末端を削るか埋めるかして揃える）してから連結なければならないが，平滑末端化した断片は「のりしろ」がないため結合効率が非常に悪いという問題がある．目

＊クローニング（cloning）とベクター（vector）：クローニングとは，目的の塩基配列を単離・増幅することである．一般的に遺伝子工学におけるクローニングとは大腸菌で自律的に維持・複製されるプラスミドベクター（環状のDNA）に目的の塩基配列を挿入して大腸菌内で複製可能な状態にすることを指す．ベクターは単離配列を維持・複製するためのクローニングベクター，ライブラリーをつくるためのベクター，クローニングした塩基配列からタンパク質を翻訳させるための発現ベクターなどがある．また，ベクターには運び屋の生物（ウイルスを含む）という意味もあり，植物にDNA を導入するアグロバクテリウムや各種ウイルス，ヒトや動物細胞にDNA を導入するウイルスなどもベクターと呼ばれる．

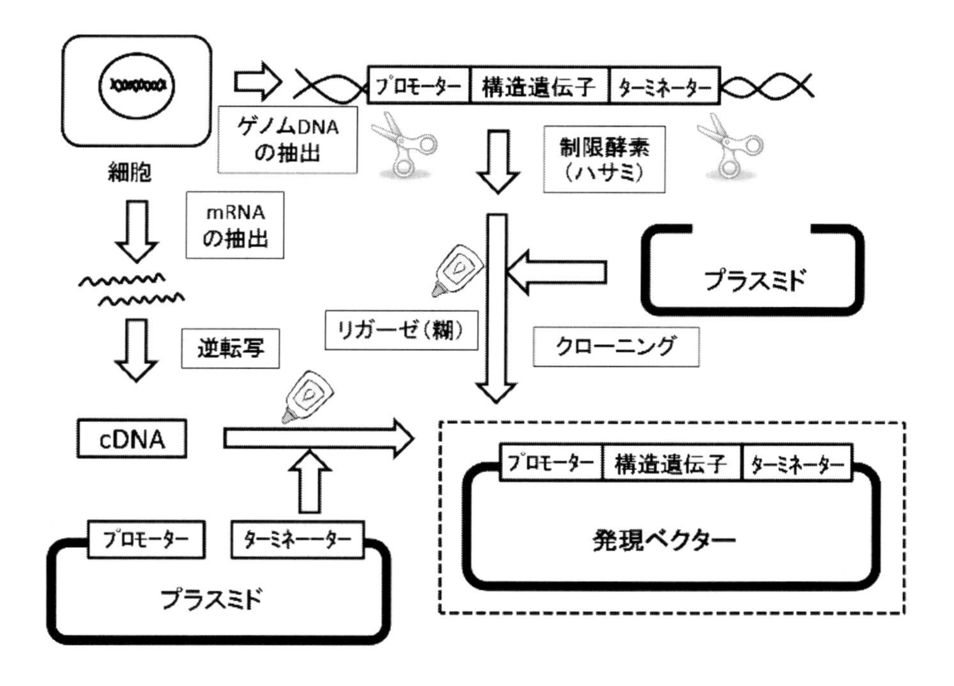

図3.9 発現ベクターの構築

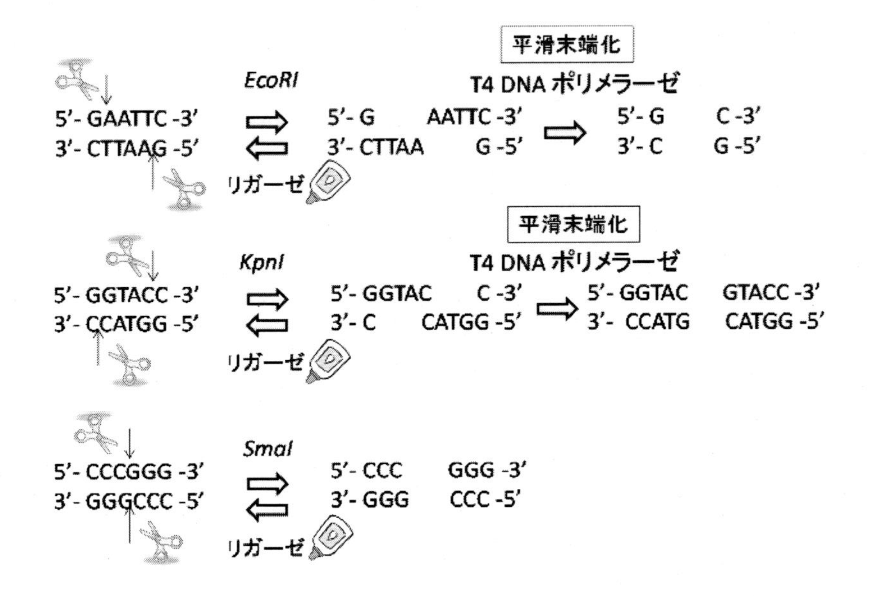

図3.10 制限酵素，リガーゼとT4 DNA ポリメラーゼ
制限酵素で切断してリガーゼで結合する．T4 DNA ポリメラーゼは5’突出末端の塩基は削り，3’突出末端は埋める．

的の構造をもつプラスミドができた場合は，まずは大腸菌に導入して大量に複製してから遺伝子導入などの他の用途に利用する．

最近では，このような制限酵素・リガーゼによる煩雑な操作に代わってPCR と特殊な組換え酵素を利用して簡単に発現ベクターの構築が可能な Gateway テクノロジーが活用されている（図 13.11）．この技術を利用すれば，PCR 産物と糊となる酵素付のクローニングベクター（entry ベクター）を混ぜるだけで容易にPCR 産物をベクターにクローニングできる．その後にクローニングベクターとプロモーター，ターミネーターを含むdestination ベクターを酵素を使って組換え反応させるだけで発現ベクターが完成する．Gateway テクノロジーでクローニングした遺伝子を発現させるためのdestination ベクターも多数開発され，一部は販売もされている．また，Gateway 以外にも組換え酵素の働きで簡単に遺伝子のつなぎ替えが可能な方法が開発されており，誰でも容易に導入用の発現ベクターの構築ができる時代になった．例えば，In-fusion クローニングでは，ベクターを切断して，その末端配列 15 塩基を目的 DNA 増幅用プライマーに付加して得られたPCR 産物と混合するだけで，そのベクターとPCR 産物に共通する15塩基間で組換えが起きて，目的遺伝子がベクターにクローニングされる．

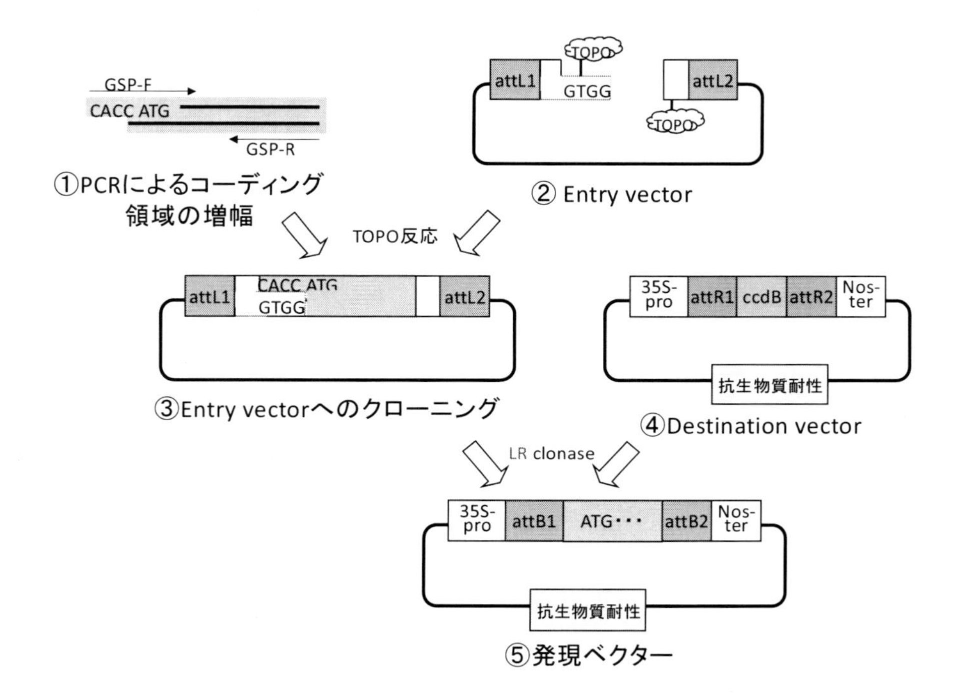

図3.11 Gatewayテクノロジー
制限酵素とリガーゼ不要で，ＰＣＲ産物とベクターから発現ベクターを構築できる．酵素(TOPO)付きのentry vectorとPCR産物を混ぜるだけでクローニングでき，得られたentryクローンとプロモーターを含むdestination vectorをLR clonaseで反応させるとattL1とattR1，attL2とattR2でそれぞれ組換えが起きて発現ベクターが構築される．

3-6. レポーター遺伝子

レポーター遺伝子とは，遺伝子やそのプロモーターの発現場所や発現強度などを定量的，定性的に測定するために利用可能な遺伝子を指す．具体的には，ノーベル賞を受賞したことで有名な緑色蛍光タンパク質（Green Flourescence Protein:GFP），ホタルの発光にも使われているルシフェラーゼ（luciferase），β-グルクロニナーゼ（(β-glucuronidase：GUS）などがよく利用される．利用方法をわかりやすく説明すると，あるプロモーターに*GFP*遺伝子をつないで導入し，GFP が発現して緑色になっている場所を解析すれば，そのプロモーターがどのような細胞・組織で発現する機能をもっているかがわかる．また，GFP の蛍光強度を測定すれば，そのプロモーターの発現強度を定量的に測定できる．また，特定の遺伝子と*GFP*遺伝子を融合遺伝子の形で導入すれば，その遺伝子産物がどの細胞小器官にターゲッティングされるかを蛍光顕微鏡や共焦点レーザー顕微鏡などを用いて調べることができる．GFP は励起光を当てると単体でも発光するので基質を必要とせず，非破壊的に測定可能なため非常に有用であり，広く医学・生物学的な研究に利用されている．GUS は基質である 5-bromo-4-chloro-3-indolyl glucuronide (X-Gluc)からインディゴ系の青色色素であるを形成するので，発現組織・細胞が青く染色される．この青色色素の観察は目視で可能なため簡便であるが，染色によって細胞は死んでしまう．また，GUS は 4-methylumbelliferyl-beta-D-glucuronide (4-MUG)を基質とした場合には蛍光物質の 4-MU を生成するので，この蛍光を蛍光分光光度計で測定することで発現量の定量化も可能である．ルシフェラーゼはルシフェリン（luciferin）を基質として化学発光するので，この発光量を定量したり，発光部位を定性的に解析する．

3-7. 形質転換（遺伝子導入）技術

この章では，基本的な植物の形質転換（遺伝子導入）技術について解説する．植物細胞の形質転換技術としては動物細胞と共通の方法（マイクロインジェクション法やエレクトロポレーション法など）に加えて，植物に特異的であるが多数の植物に利用される方法アグロバクテリウム法やウィスカー法などがある．アグロバクテリウム法は，かつては双子葉植物にしか感染しないとされていたが，アセトシリンゴンなどの感染促進物質を利用することで単子葉植物の形質転換にも利用できるようになり，現在では最も主流の方法である．パーティクルガン法がその次によく利用される．パーティクルガンの場合は，直接DNA を細胞に打ち込むので，アグロバクテリウムが感染しにくい細胞や感染によって死滅するような細胞にも応用が可能である．

3-7-1. エレクトロポレーション（電気穿孔）法

高電圧パルスの印加によって一過的に細胞膜に修復可能な孔（穴）を生じさせ，そこからDNA(プラスミド）を取り込ませる（図3.12）．膜は数秒以内に修復されるが，修復不可能な大きな孔を生じた細胞は死滅することになる．大腸菌やアグロバクテリウムでは，導入されたプラスミドは自律的に複製して安定的に維持される．動植物細胞では染色体に取り込まれなければ数日で分解されてしまう．しかし，染色体に組み込まれていなくても発現する（タンパク質をつくる）ことはできる（一過的発現）．例えば，緑色蛍光タンパク質（GFP）遺伝子を導入した場合は，細胞が一時的に緑色蛍光を発する．この一過的発現を利用して遺伝子の機能を短期間で簡便に調べることが可能である．DNAが分解される前に細胞分裂の時に染色体に組み込まれると，安定的に保持される．この組込み機構はよくわかっていない．

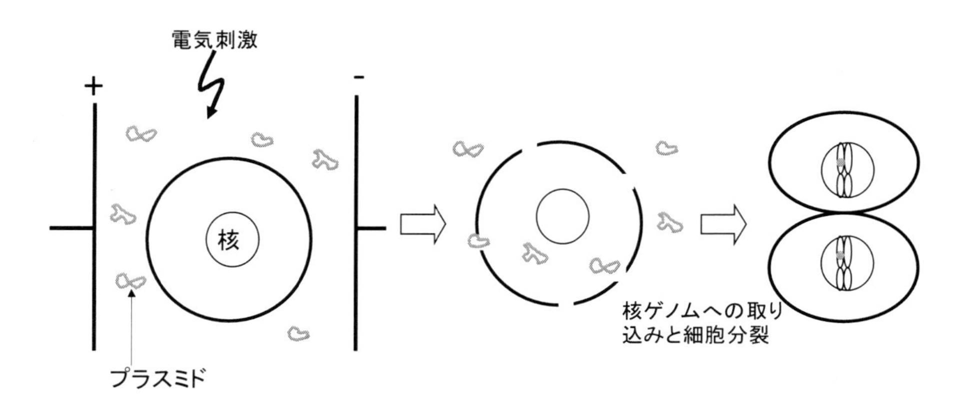

図3.12　エレクトロポレーション法による細胞への遺伝子導入

3-7-2. マイクロインジェクション法

マイクロインジェクション法は，顕微鏡下でガラス針で細胞に孔をあけてDNAを挿入する方法である．動物細胞でも利用される．細胞はガラス管などで弱く吸引することで固定して針を刺す．DNA以外にも様々な化学物質などを注入してその影響を調べるためにも利用される．

一つ一つの細胞ごとに注入操作を行うために効率が悪く，最近では植物に対してはほとんど行われていない．

3-7-3. パーティクルガン（マイクロプロジェクタイル）法

金属粒子（パーティクル）に遺伝子（DNA）をまぶしてガス，火薬などの力により細胞に打ち込む方法である（図3.13）．初期のタイプは火薬を使用したので銃刀法による許可が必要であった．現在は，ガス圧式が主流である．細胞に入った金属粒子から遺伝子が離れて核に入ると，染色体に組み込まれていなくても一過的発現が見られるのはエレクトロポレーション法の場合と同様である．パーティクルガン法でも，細胞内に入ったDNAはそのままでは数日で分解される．染色体に組み込まれた場合には，細胞分裂とともに複製されて安定的に保持される．通常は導入遺伝子には，目的遺伝子と一緒に抗生物質耐性遺伝子が入っており，この段階で抗生物質を含む培地で培養することで組換え細胞を選抜する．

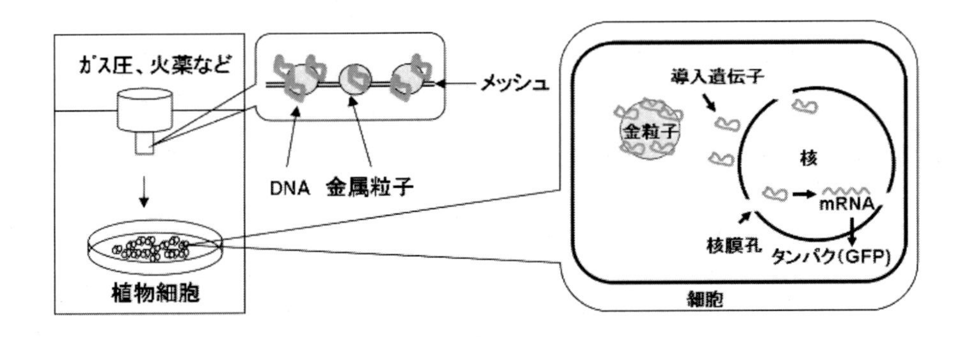

図3.13　パーティクルガンの仕組みと導入遺伝子の発現

3-7-4. ウィスカー法

ウィスカー（Whisker）は，直径0.3～1.0μm，長さ50～200μmの微細な針状結晶である．材質としてはシリコンカーバイド，金属，セラミック，ホウ酸アルミニウムなどが用いられる．鋭くとがった針状のウィスカーと細胞をDNAを含む溶液中で撹拌することで，細胞に微細な穴が開き，そこからDNAが取り込まれる（図3.14）．取り込まれたDNAは，エレクトロポレーション法やパーティクルガン法の場合と同様に，一過的な発現とゲノムへの組み込みが行われる．

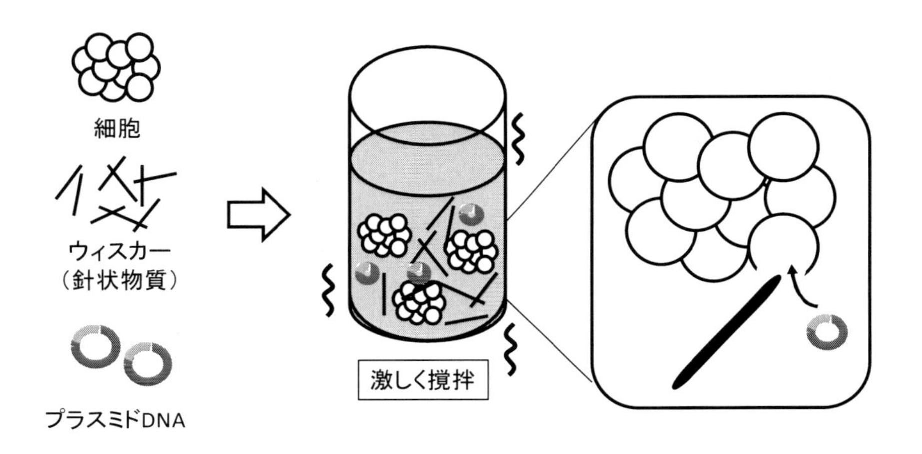

図3.14　ウィスカー法による遺伝子導入

3-7-5. アグロバクテリウム法

(1) アグロバクテリウムとは

アグロバクテリウム（*Agrobacterium tumefaciens*）は，土壌細菌である．自然界ではアグロバクテリウムは植物に感染しクラウンゴールという植物細胞が異常増殖した「植物のガン細胞」をつくる病原菌である．アグロバクテリウムが，植物の傷口から出る樹液中のアセトシリンゴン（As）などのフェノール化合物や糖などを感知して，その傷から感染してクラウンゴールをつくる．アグロバクテリウムの持つTi プラスミド（環状DNA）中のT-DNAと呼ばれる領域が，やはりこのプラスミドの中にある Vir 領域にコードされているタンパク質の助けを借りて植物の細胞の中に入り込み，植物のゲノム中に組み込まれ，植物にクラウンゴール（腫瘍）を起こさせる（図3.15）．

感染の過程は，①Ti-plasmidからT-DNAが切り出される，②性繊毛を通ってT-DNAが植物細胞内に入る，③植物細胞の核に入る，④植物細胞の染色体に組込まれる，⑤植物細胞に組込まれたT-DNAが発現し植物ホルモンを生産，細胞が異常増殖する，という順序で起こる．このとき，Ti-plasmidのT-DNA領域の左端と右端にある特殊な塩基配列（境界配列）を酵素が認識してT-DNAが切り出され，植物細胞のゲノム中にス入される（図3.15）．

アグロバクテリウムが元来もっているT-DNA中には植物ホルモンであるオーキシンとサイトカイニン合成遺伝子がコードされており，この両遺伝子産物の働きで感染した植物は腫瘍化（活発な細胞分裂）する．T-DNA中には，それ以外にもオクトピン，ノパリンという特殊なアミノ酸を合成する遺伝子もコードされている．オクトピン，ノパリンはアグロバクテリアの栄養源になると考えられており，アグロバクテリウムは感染した植物に自分の栄養源を作らせるという賢い戦略をとっている．さらに賢い人間は，このT-DNA領域の遺伝子を自分が導入したい遺伝子に置き換えて，その遺伝子をアグロバクテリウムの力を借りて植物に導入していることになる．

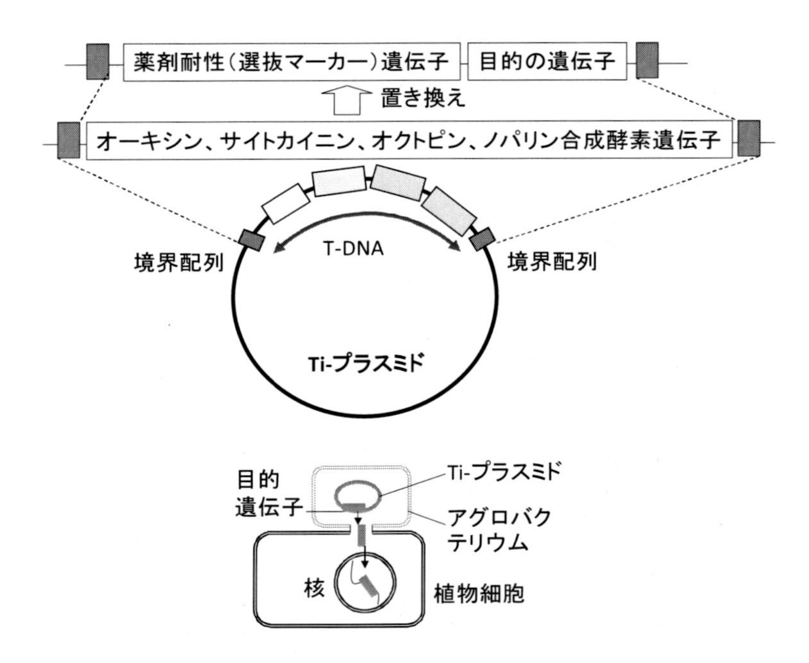

図3.15　アグロバクテリウムによる遺伝子導入とTi プラスミドの構造

⑵アグロバクテリウムによる植物の形質転換

アグロバクテリウムによる植物の形質転換には，アグロバクテリウムが植物細胞に感染することが必要である．そのため茎や葉などの植物の器官の切片（外植片）とアグロバクテリウムを共存培養して，切り口から感染させたり，カルス化した植物細胞とアグロバクテリウムを共存培養してカルス細胞に感染させる方法などがある．2～3 日程度の共存培養を行い T-DNA が感染した植物細胞のゲノム中に挿入された後に，外植片やカルスを抗生物質を含んだ選抜培地に移植する．選抜培地には，アグロバクテリウムを除菌するための抗生物質（セフォタックスなど）を加え，アグロバクテリウムの除菌を行う．また，T-DNA には目的遺伝子と一緒にカナマイシンやハイグロマイシンなどの抗生物質の耐性遺伝子も載せている．これらの抗生物質を含む選抜培地で培養することで，遺伝子が導入された細胞を選抜することができる．その後，選抜した組換え細胞を再分化させて組換え植物を得る．

また，シロイヌナズナや一部の植物では，蕾を形成した植物をアグロバクテリウムの懸濁液に浸して，そのまま開花・結実させるだけで形質転換された種子を得ることができる（花序浸し法，図 3.16）．この場合，実ったすべての種子に遺伝子が導入されているわけではないので，遺伝子の導入された種子を選抜するために，T-DNA には目的遺伝子と一緒に抗生物質耐性遺伝

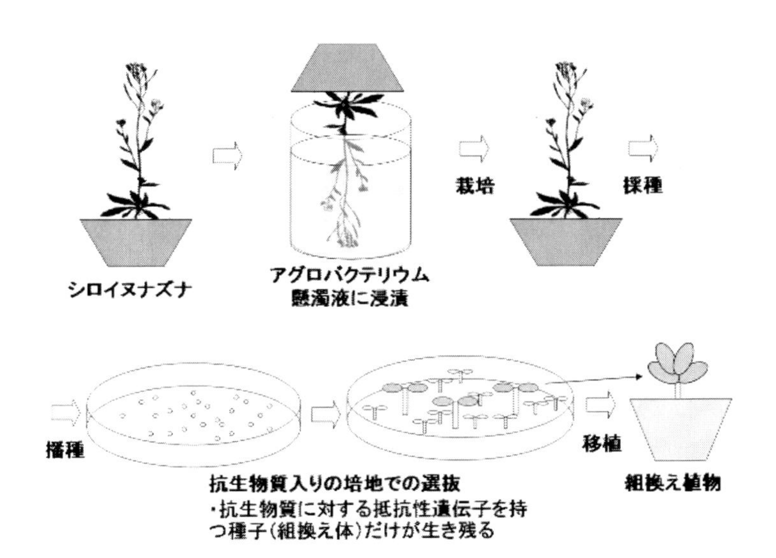

図 3.16　花序浸し法によるシロイヌナズナの形質転換（遺伝子導入）

子を挿入しておき，形質転換処理（花序浸し法）をした種子を抗生物資を含む培地に播種して，正常に生育している抗生物質に耐性の個体を選抜することで遺伝子が導入された個体を選ぶことができる（図3.16）.

3-8. 特殊な形質転換技術

植物形質転換技術のうち，二種の重要な技術について以下に解説する．これらは，いずれも導入した外来遺伝子の拡散防止に関する技術である．植物の遺伝子組換えでは，目的遺伝子が導入された組換え細胞を選抜するために，目的遺伝子と一緒に抗生物質耐性遺伝子をつなげて導入し，その抗生物質で選抜するという方法をとる．しかし，この抗生物質耐性遺伝子産物そのものに対する不安感やこの遺伝子が環境中に拡散した場合の影響などが懸念されている．そのため，組換え細胞から抗生物質耐性遺伝子を除去する方法や，抗生物質耐性遺伝子を含む導入した遺伝子が花粉によって他の植物に拡散しない方法の開発がおこなわれた

3-8-1. MAT ベクターによる形質転換

植物細胞の中で植物ホルモンをつくる ipt（ｲｿﾍﾟﾝﾃﾆﾙﾄﾗﾝｽﾌｪﾗｰｾﾞ）を合成する遺伝子が働くと形態異常の短いシュート（芽）ができる．この *ipt* 遺伝子と組換え酵素遺伝子を２つの部位特異的組換え配列（RS）の間に挟み，これらと目的遺伝子とつないで植物に導入すると，組換え細胞から形成されるシュートは短い異常な形態を示す（図3.17）．しかし，この異常なシュートに含まれるいずれかの細胞で導入された RS 配列間に部位特異的組換えが起きると，RS 配列の間にある *ipt* 遺伝子と組換え酵素遺伝子が脱落し，目的遺伝子だけが残る．その結果，その細胞では植物ホルモンが生成されず，目的の遺伝子だけをもつ正常な組換えシュートが分化して伸長する（図3.17）．この正常なシュートは *ipt* 遺伝子と一緒に抗生物質耐性遺伝子も除去されているはずであるので，正常なシュートを選抜することで抗生物質耐性遺伝子（マーカー）を持たない「マーカーフリー」の組換え植物を作成できる.

この技術は，日本製紙（株）によって開発されたもので，日本発の基本的組み換え技術として注目されている.

抗生物質耐性遺伝子の産物（抗生物質を無毒化する酵素）は，科学的なデータから環境や

人体への影響がないとされている．しかし，心情的な理由などから抗生物質耐性遺伝子を除去した方が望ましいという意見がある．このような要請に答える技術としてMAT ベクターは注目されている．また，同じ植物を何度も形質転換して複数の遺伝子を集積させたい場合（多重遺伝子導入）に，抗生物質遺伝子を除けない場合は，2 回目，3 回目の遺伝子導入では 1 回目とは異なる抗生物質耐性遺伝子を使用する必要が生じるが，MAT ベクターで抗生物質耐性遺伝子を除去すれば同じ抗生物質を何度も選抜に利用できるので都合がよい．

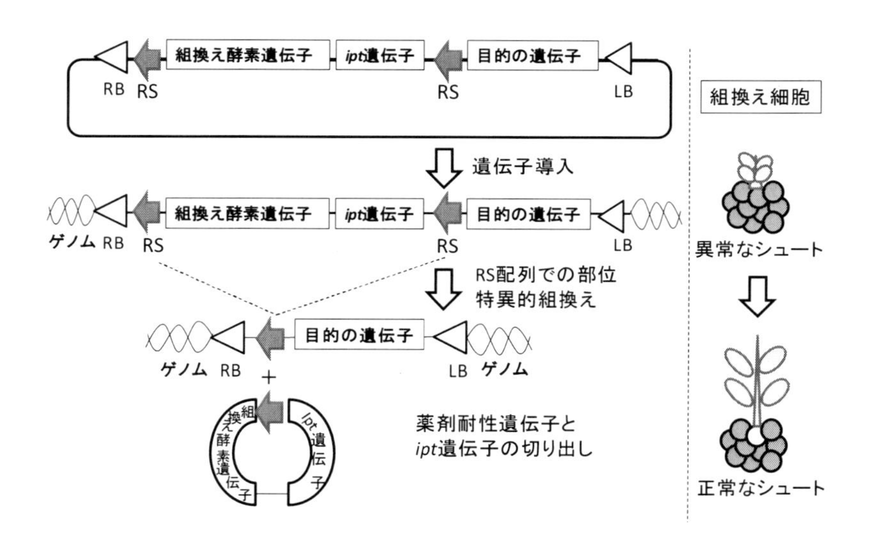

図 3. 17　MAT ベクターによる形質転換
組換え細胞では ipt の働きで植物ホルモンが合成され，正常なシュートが形成されない．組換え酵素によって RS 同士で組換えが起こると，RS に挟まれた領域が切り出され，ipt の生産されない細胞から正常なシュートが形成される．

3-8-2. 葉緑体の形質転換

葉緑体はミトコンドリアと同様に核とは独立したゲノムをもつ．パーティクルガン（3-3-2 参照）を用いて，金属粒子をうまく葉緑体の中に打ち込んだ場合には，核を形質転換するのと同様に葉緑体を形質転換することができる（図 3. 18）．ただし，葉緑体ゲノムへの遺伝子の挿入は，相同的な遺伝子組換えによって起こる．すなわち，図に示すようにプラスミド上の導入したい遺伝子の両側に葉緑体ゲノムの一部と相同性のある配列を連結しておくことで，相同配列の領域でプラスミドとゲノムの遺伝子が相同組換えを起こす（入れ替わる）ことによる．相同配列の間には抗生物質耐性遺伝子も乗っているため，組換えにが起きた細胞は抗生物質耐性も獲得するので容易に選抜が可能である．

葉緑体を形質転換する利点としては，①葉緑体は一般に母性遺伝（花粉を通して葉緑体が伝わらない）であるために，組換えた遺伝子が花粉によって他の植物に伝わらない，すなわち組換え遺伝子の拡散を防ぐことができる，②葉緑体は多コピー（細胞内に多数存在する）ため，物質生産を目的とする場合には有利である，という点が挙げられる．

ただし，葉緑体の形質転換効率は非常に低く，タバコやレタスなどの一部の植物での成功例があるだけで，多数の植物で普遍的に利用できる技術になっていない．

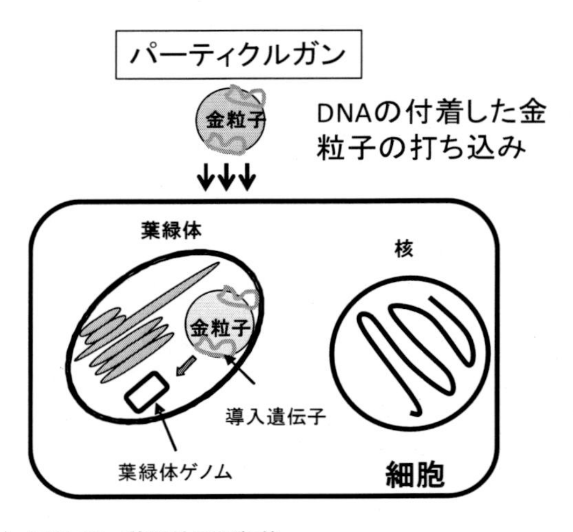

図 3. 18　葉緑体形質転換

3-9. 遺伝子の発現抑制技術

遺伝子組換えでは，導入遺伝子を発現させることで特定の形質を付与すことができるだけでなく，導入遺伝子の働きで特定の遺伝子の発現を抑制して形質を変化させることも可能である．

ここでは４種の遺伝子発現抑制方法について解説する.

3-9-1. アンチセンス (antisense) 法

通常の遺伝子の転写でつくられるアミノ酸をコードしているmRNAは「センスRNA」と呼ばれる. このようなセンスRNAと相補的な塩基配列を持ち, センスRNAと２本鎖を形成することで, そのセンスRNAから翻訳されるタンパク質の合成を阻害する働きを持つRNAをアンチセンスRNAという (図3.19). また, RNAは構造的にDNAと似ており, DNAと同様に二本鎖を形成できるが, 一般的に生体内ではRNAは一本鎖として存在しており, 二本鎖を形成すると分解機構によって排除される. 現在では, アンチセンスRNAによる発現抑制も基本的には後で述べるRNAi (3-9-3) と同じ機構であると考えられている.

アンチセンスRNAを医薬品として利用する場合は, 合成したアンチセンスRNA (あるいはその類似化合物) を薬として投与するが, 植物の遺伝子発現を抑制する場合は, アンチセンスRNAを転写するアンチセンス遺伝子を導入する. これにより, 安定的に植物細胞の中でアンチセンスRNAを供給することができる. また, 誘導的プロモーターを利用すれば, 特定の細胞や生育段階でのみアンチセンスRNAを供給することができる. 4-2で紹介している世界初の組換え作物「フレーバーセーバー」はこのアンチセンス法で果実を柔らかくする酵素の発現を抑制したものである.

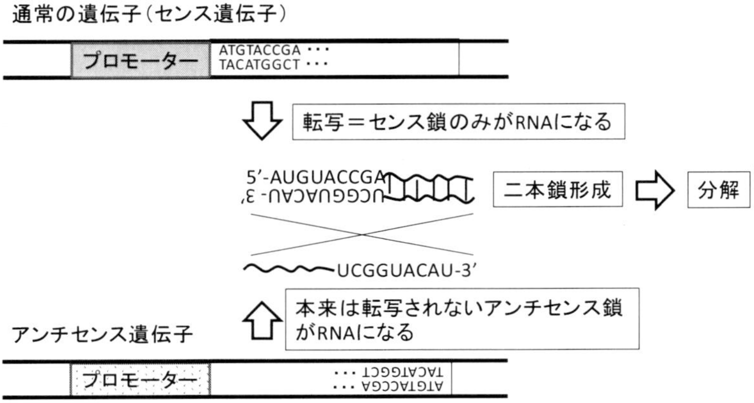

通常の遺伝子(センス遺伝子)
プロモーター
ATGTACCGA・・・
TACATGGCT・・・
転写＝センス鎖のみがRNAになる
5'-AUGUACCGA
UCGGUACAU-3'
二本鎖形成
分解
UCGGUACAU-3'
本来は転写されないアンチセンス鎖がRNAになる
アンチセンス遺伝子
プロモーター
TACATGGCT・・・
ATGTACCGA・・・

図3.19　アンチセンスRNAによる発現抑制

3-9-2. コサプレッション（Co-suppression）法

1990年に米国およびオランダの2つの研究グループが紫色のペチュニアに色素の合成経路の遺伝子の一つを導入し，過剰に発現させるという試みをした(van der Krol et al. 1990)．その結果，紫色の花の他に，白色の花や紫色と白色の部分が混在した花を咲かせる組換え植物ができた．この現象は，外から加えた遺伝子とその遺伝子と同じはたらきを持つ元々植物の中にある遺伝子の両者が不活性化されたことによっておこることがわかり，コサプレッション（Co-suppression）という呼び名が与えられた．コサプレッションは今では転写後ジーンサイレンシング（PTGS）の一種に分類されている．この色素の合成遺伝子の例のように，細胞内においてある種のmRNAだけが大量に転写されるということはウイルスの感染などの非常事態と認識され，そのような遺伝子の発現を抑制する仕組みを植物が獲得したと考えられていた．しかし，コサプレッションのよる発現抑制に低分子2本鎖RNAの産生が関与していることが報告されており，現在では，次に述べるRNAi（3-9-3）と同じ機構であると考えられている．従って，特定の機能を強化するような遺伝子組換えを行う場合は，逆に内在性の遺伝子発現が抑制される可能性があるため注意が必要である．

サントリー（株）はコサプレッション法により日持ちを改良したカーネーションを開発している．植物の花や果実では，植物ホルモンであるエチレンを合成することによって老化（成熟）が促進される．従って，カーネーションのエチレン合成を抑制することにより老化が抑えられ，花の日持ちが改良できると考えられた．そこで，エチレン合成酵素遺伝子（ACC合成酵素遺伝子）の発現をコサプレッション法により抑制したところ，実際に花が長持ちするカーネーションが作出できた．しかし，このカーネーションを販売した場合に，購入した消費者が長く花を観賞できる可能性がある一方で，花屋で長期間保管された古い花を購入してしまう可能性もあり，メリットが明確でないことなどから実用化には至っていない．

3-9-3. RNA干渉（RNA interference: RNAi）法

RNA干渉（RNA interference: RNAi）法とは二本鎖RNA（dsRNA）の形成によって配列特異的にmRNAが分解されて，タンパク質への翻訳が阻害され，最終的に遺伝子発現が抑制される現象である．DNAと異なり，生物はRNAの2本鎖を形成させないという道を選んだと考えられ，

2本鎖RNAの形成はウイルスの感染などの好ましくない現象に由来することが多いため，生体内では選択的に分解する機構を獲得したと考えられる．RNA干渉は1998年にFireらによって線虫ではじめに発見された現象である．今日，医学・生物学・工学などのさまざまな分野において，RNAi は生命現象や疾患にかかわる遺伝子の機能解析をするためのツールとして利用されている．また，遺伝子発現を抑制することから，疾患にかかわる遺伝子の機能を抑制する治療薬としての期待も高まっている．

RNAi のメカニズムとしては以下のように考えられている（図3.20）．①dsRNA は RNase III ファミリーの一種のDicer によって認識され，②ヌクレオチドの siRNAs(small interfering RNA) に分解される．③次に，siRNAs は RISC（RNA 誘導型サイレンシング複合体）と呼ばれる RNAi 標的複合体に組み込まれる．④この RISC によって，組み込まれた siRNA に相同的な mRNA が破壊される．標的 mRNA は，siRNA に相補的な領域の中央で切断され，最終的に標的 mRNA が速やかに分解されてタンパク発現量が低下する．

医薬として利用する場合は，2本鎖RNA（dsRNA）として投与するが，植物の場合は転写後にdsRNA を形成するようなRNAi 遺伝子を導入した組換え植物が作製される．

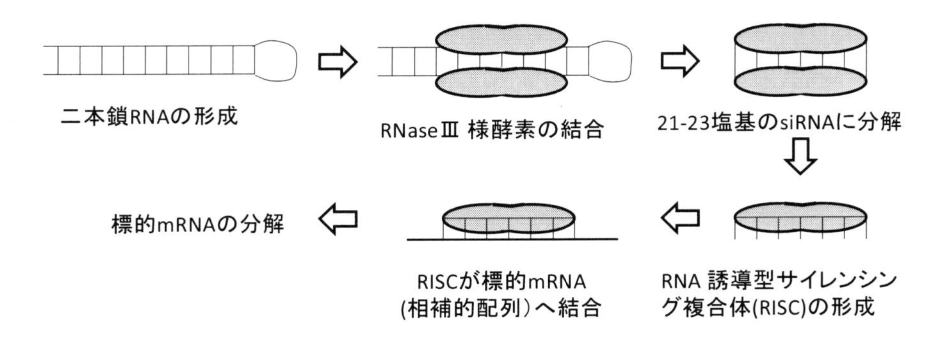

図3.20　RNAi による発現抑制

3-9-4.　CRES-T 法：転写因子の活性抑制法

転写因子とは遺伝子のプロモーター領域に結合し，DNA をRNA に転写する過程を促進，あるいは抑制するタンパク質であり，ほとんどすべての遺伝子の発現が転写因子によって制御されていると考えられている．転写因子はシロイヌナズナでは約 2000，ヒトでは約 1,800 種存在する．植物では機能が重複した転写因子が数多く存在するため，ある一つの転写因子遺伝子をアンチセンス法や RNAi 法などでノックダウンしても，同等の機能を持つ別の転写因子が補償的に働くため，表現型に影響が表れないことが多い（図3.21）．しかし，転写因子にリプレッションドメインという短いアミノ酸配列を付加したキメラリプレッサーをコードする遺伝子を植物に導入すると，ターゲットの転写因子に加えて機能重複する他の転写因子の両方の活性を抑制することでそれらの転写因子が制御する標的遺伝子の発現を抑制することから，それらの転写因子の欠損株と同様な表現型が表れる．このようなキメラリプレッサーによる遺伝子機能サイレンシング技法を Chimeric repressor silencing technology（CRES-T）と呼び，植物転写因子の機能を解明する新しい手法として注目されている．

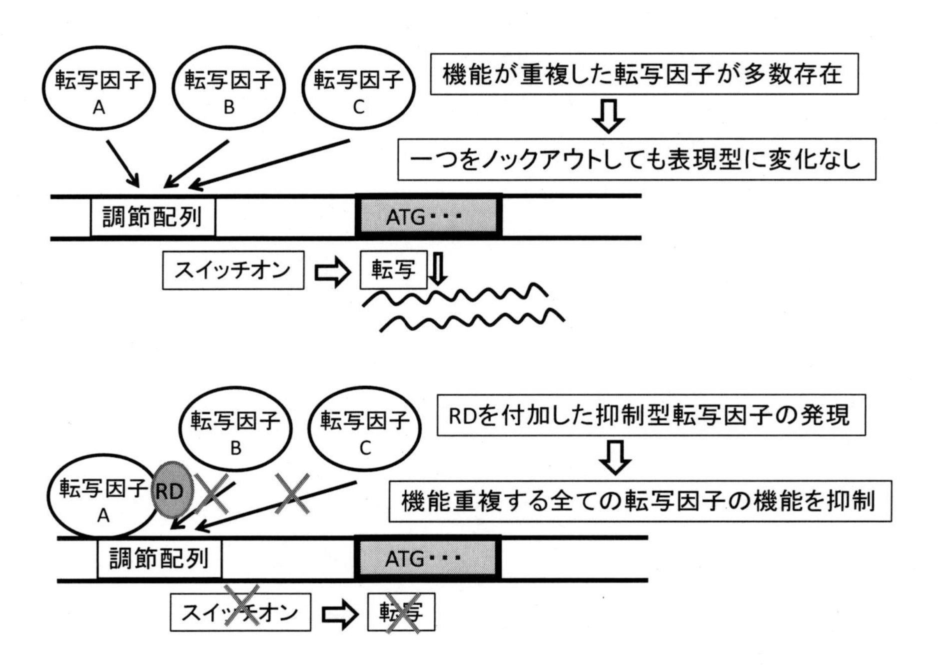

図3.21　Chimeric repressor silencing technology（CRES-T）
6 アミノ酸から成るリプレッションドメイン（RD）を付加した転写因子を発現させることで，機能が同じ（同じ調節配列に結合する）すべての転写因子の働きを抑制する．

実際に，CRES-T によって転写因子の機能を抑制することで，その転写因子によって制御されている遺伝子の発現を変化させて，物質生産，花の形態（アサガオやトレニアの花弁が裂花），発生・成長（わい化），種々のストレス耐性（凍結，渇水や塩に対する耐性）の強化などの種々の有用な植物形質を改変できることが報告されている．

3-10. タギング（tagging）・ノックアウト（knock out）ライン

タギング（tagging）ラインは，遺伝子の塩基配列中に他の遺伝子配列が挿入されることで生じる遺伝子破壊系統（ノックアウトライン，タグライン）のことである（図3.22）．ある遺伝子のタギング系統において失われている機能は，タギング（ノックアウト）された遺伝子によってコードされていると考えられるため，遺伝子の機能を解析する方法として広く活用されている．

モデル植物のシロイヌナズナでは様々なタギングラインが用意されている．例えば，T-DNA タグラインは，シロイヌナズナに抗生物質耐性遺伝子をアグロバクテリウムを介して導入する

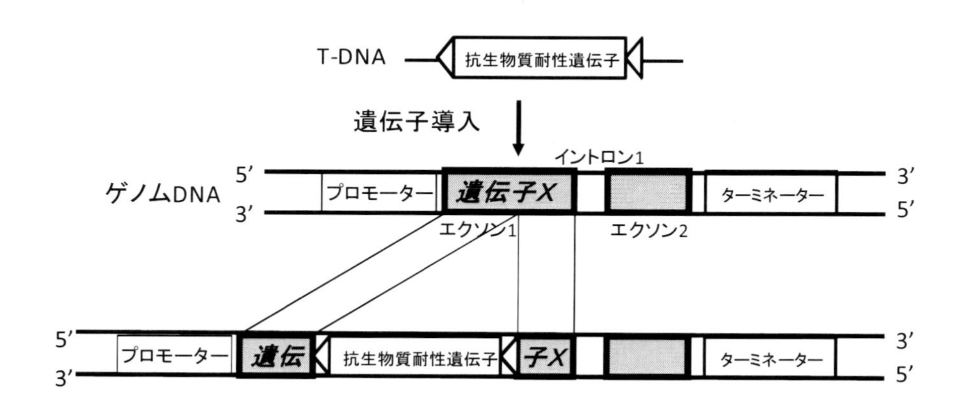

図3.22　T-DNA による遺伝子のタギング（ノックアウト）
ゲノム中にT-DNA（抗生物質耐性遺伝子）がランダムに挿入された個体の中から，目的の遺伝子（*遺伝子X*）に挿入された個体を選抜すれば，*遺伝子X*のゲノム上の位置を特定できる（タギング）．また，T-DNA の挿入により，*遺伝子X*は機能を失う（ノックアウト）．挿入位置がプロモーターやイントロンの場合にはノックアウトできない場合もある．

ことで，T-DNA が染色体に挿入される．このとき，遺伝子の塩基配列を分断する形で挿入が起きると，その遺伝子は機能しなくなり，遺伝子破壊系統となる．多数の組換え体を作出すれば理論的にはすべての遺伝子の破壊系統の作出が可能である．いくつかの研究機関で独立してタグラインが作製されており，数万遺伝子のタグラインが登録されている．シロイヌナズナのタグラインは，様々な変異系統とともに ABRC（Arabidopsis Biological Resource Center：http://abrc.osu.edu/）において有料で入手可能である．ABRC は前述の TAIR とリンクしており，TAIR で調べた遺伝子のタギング系統種子をそのまま ABRC を通してリクエストすることも可能である．

イネでは T-DNA によるタグラインに加えて，Tos17 というトランスポゾン（Transposon）によるタグラインが整備されている（図 3.23）．トランスポゾンは細胞内においてゲノム上の位置を転移（transposition）することのできる塩基配列で，動く遺伝子，あるいは転移因子（Transposable element）とも呼ばれる．1940 年にバーバラ・マクリントックによってトウモロコシで最初に発見され，彼女はこの業績により 1983 年にノーベル生理・医学賞を受賞した．

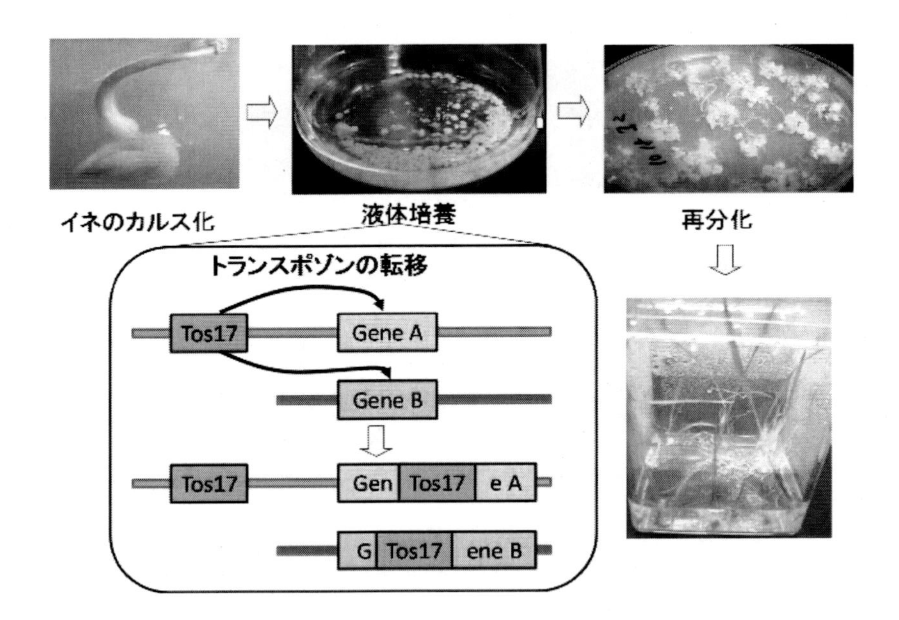

図 3.23　*Tos17* による遺伝子のタギング
培養によって *Tos17* が活性化され，転移して染色体の様々な位置に挿入される．その結果，その場所の遺伝子をタギングするとともにノックアウトする．

イネの遺伝子破壊系統の作出法として，Tos17 というトランスポゾンによるタギング（tagging：タグをつけること，ここではトランスポゾンが遺伝子配列の中に挿入されることで，その遺伝子に Tos17 という目印がつけられるとともに機能しなくなること）が有効であることが生物資源研究所の広近博士によって発見された（Hirochikaet al. 1996）.

Tos17 は培養条件下でのみ転移が活性化され，培養期間に比例してコピー数が増加する．従って，イネをカルス化して培養細胞の状態で培養すると，その間に Tos17 が活性化されて，染色体上のどこか別の位置に転移して，転移先にある遺伝子をタギングしてその機能を破壊する．その細胞から植物体を再分化させれば，Tos17 によって何らかの遺伝子がタギングされたイネが作出できる．そのイネの失われた機能はタギングされた遺伝子がコードしていたと考えられるため，遺伝子機能を解明する方法として有用である．Tos17 は遺伝子領域に選択的に転移する性質を有しているため，このような再分化個体を多数作出すれば，イネのすべての遺伝子を破壊した系統をつくることも可能である．これまでに 5 万系統以上の遺伝子破壊系統が作製され，その一部は破壊されている遺伝子配列も明らかにされている．Tos17 が挿入されている遺伝子配列を明らかにするためには，再分化イネからＤＮＡを抽出し，PCR などにより隣接する塩基配列を増幅してシーケンスを行う．これらの作出された遺伝子破壊系統とその情報はイネミュータントパネルとして生物資源研究所から公開されており，誰でも利用できる（https://tos.nias.affrc.go.jp/）．実際に，Tos17 によるタグラインを利用して様々な遺伝子の機能が明らかにされている．

3-11. ゲノム編集技術

ゲノム編集技術とは，ゲノム上の標的遺伝子の特定部位を人工核酸分解酵素で特異的に切断し，それを細胞自身が修復しようとする働きを利用して標的遺伝子を改変する新規な技術である．特に欠失や挿入を起こさせる場合は，外来遺伝子の導入はないので突然変異と区別がつかないことから，遺伝子組換えで指摘されている選択マーカー遺伝子の残存や種を超えた遺伝子の移動などの問題を回避できるため，一般市民にも受け入れられやすい遺伝子ノックアウト技術として期待されている．また，遺伝子を導入する場合も特定の位置に導入できるために，挿入位置による遺伝子発現量の変動や標的遺伝子以外の遺伝子への影響などを排除できる．代表的なゲノム編集技術として，TALEN や CRISPR/Cas9 システムなどがある．植物に限らず，動物などにおいても利用可能で，動植物の育種や遺伝子疾患モデル動物の作製への応用が期待されている．

TALENs (transcription activator-like effector nucleases) は，特定のDNAに結合するドメイン（標的の塩基配列を認識）と，人工ヌクレアーゼ（ハサミの役割）を結合させたキメラタンパク質を用いて，生物のゲノム中の特定の場所を切断し，細胞が本来持っている修復機構によって自然に生じる変異を利用する技術である（Joung and Sander, 2012; 図 3.24）．*Xanthomonas* のプロテオバクテリアが分泌し，宿主植物の遺伝子転写を活性化させる蛋白であるtranscription activator-like effectors (TALEs) 由来のDNA結合ドメインであるRepeat Variant Domain (RVD) の組み合わせによる標的遺伝子配列を特異的に認識するドメインと，非特異的な制限酵素である FokI のヌクレアーゼドメインとを融合させたキメラタンパク質を細胞中で発現させることで狙った位置でゲノムDNAを切断する．ただし，各DNA結合ドメインは特定の3塩基を認識するので標的DNA配列には制約がある．TALENで切断されたゲノムは，細胞の持つ修復機構によって修復されるが，その過程で塩基の挿入や欠失が起きたり，切断箇所近傍の塩基配列と相同な塩基配列をもった特定の DNA 断片を挿入させたりすることが可能である．また，複数箇所を同時に切断することで，修復の際に大きな欠失や「つなぎ間違い」を起こさせることも可能である．ジンクフィンガーヌクレアーゼを利用して切断するZFNも同様な仕組みであるが，ZENで用いられるDNA結合ドメインは3塩基を認識するドメインを複数組み合わせて用いるため，標的とすることができる遺伝子配列の設計の自由度が低い．さらに最近注目されているRNA誘導型核酸分解酵素（CRISPR/Cas9システム）を利用したゲノム編集技術では，RNA とタンパク質の複合体からなる人工的に作製された核酸分解酵素であるCRISPR/Cas9 を利用する（図 3.24）．CRISPR は Clustered regulated interspaced short parindromic repeatsの略であり，細菌 (Streptococcus pyrogens SF370) が一度感染した外来ウイルスなどのDNAを認識して，その配列に対応するガイドRNAという分子を生産可能になり，次にウイルスが感染した場合にガイドRNAが標的DNAを認識して切断してしまうという免疫に似た仕組みの認識・切断機構を利用している．このシステムでは，Cas9 と呼ばれる DNA 切断酵素が，ガイド RNA と相補的な塩基配列を有するゲノム DNA 配列を認識して切断する．CRISPR ではDNA切断酵素であるCas9を発現するプラスミドを用意しておけば，標的遺伝子に応じてそのガイドRNAを生産するプラスミドだけを設計すればよいという利点がある．

ゲノム編集技術は様々な改良法や支援技術が開発され，世界的に非常にホットな研究領域となっている．ゲノム編集で作出された植物が遺伝子組換え植物に相当するのかどうかも含めて活発な議論もなされているが，いずれにしろゲノム編集で改変された実用的な「遺伝子改変植物」が市場に出回る日も近いと考えられる．

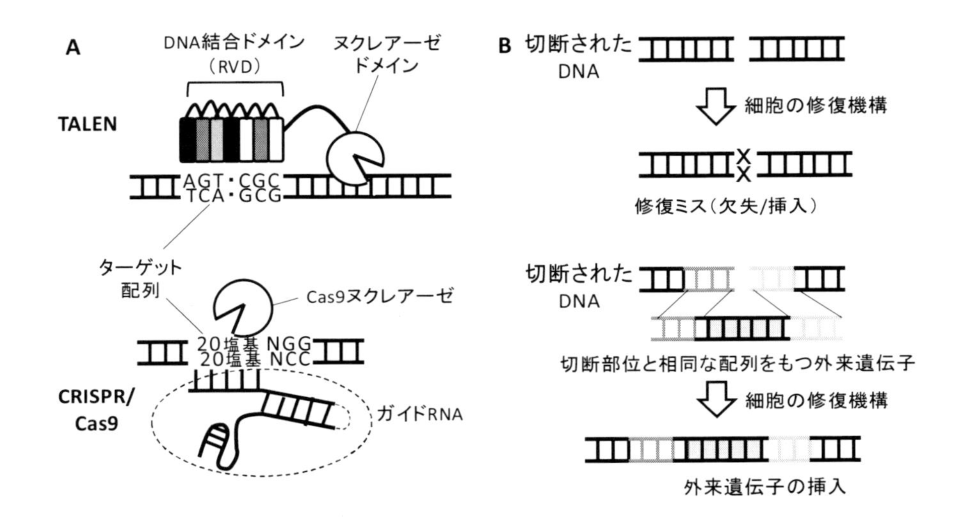

図3.24　ゲノム編集
A. TALENとCRISPR/Cas9によるDNA切断機構，B. 真核生物のDNA修復機構を利用した変異の創出と外来遺伝子の挿入

第3章の演習問題

(1) オーム解析について説明しなさい．

(2) マイクロアレイとその利用法について説明しなさい．

(3) 転写因子とCRES-Tについて説明しなさい．

(4) タギングラインとその利用法について説明しなさい．

(5) ゲノム編集の原理を説明しなさい．

(6) ゲノム編集技術によって特定の遺伝子を破壊するとして，あなたならどのような遺伝子を破壊してどのような形質の植物をつくるか例を挙げなさい．

(7) ゲノム編集で生じた遺伝子破壊系統が遺伝子組換えによらずに作出した突然変異体と区別できない理由を述べなさい.

(8) 葉緑体形質転換の利点について説明しなさい.

(9) MAT ベクターの利点について説明しなさい.

(10) 遺伝子発現を人為的に抑制する方法について説明しなさい.

(11) プロモーターとターミネーターの役割について説明しなさい.

(12) パーティクルガンで導入した遺伝子の一過的発現の仕組みを説明しなさい.

第3章の参照文献

van der Krol AR, Mur LA, Beld M, Mol JN, Stuitje AR (1990) Flavonoid genes in petunia: addition of a limited number of gene copies may lead to a suppression of gene expression. Plant Cell 2: 291-299

Fire A, Xu SQ, Montgomery MK, Kostas SA, Driver SE, Mello CC (1998) Potent and specific genetic interference by double-stranded RNA in Caenorhabditis elegans. Nature 391: 806-811

Hiratsu K, Matsui K, Koyama T, Ohme-Takagi M (2003) Dominant repression of target genes by chimeric repressors that include the EAR motif, a repression domain, in Arabidopsis. Plant J 34: 733-739

Hirochika H, Sugimoto K, Otsuki K, Tsugawa H, Kanda M (1996) Retrotransposons of rice involved in mutations induced by tissue culture. Proc Natl Acad Sci USA 93: 7783-7788

Joung JK, Sander JD (2012) TALENs: a widely applicable technology for targeted genome editing. Nat Rev Mol Cell Biol 14:49-55

第４章　第一世代の組換え作物

4-1. 組換え作物の誕生と変遷

世界で初めての遺伝仕組換え作物が実用化されて販売されたのは 1994 年の米国であり，日持ちを改良したトマトである「フレーバーセーバー」という商品であった．その後，特定の除草剤に耐性のある組換え作物や Bt タンパク質を発現する耐虫性の組換え作物（Bt 作物）などが次々と実用化された．これらの作物は，どちらかというと生産者である農家の人々にとってメリットがある組換え作物であり，第一世代の組換え作物といわれる．その後，健康によい成分を増強した植物などの消費者にメリットのある組換え作物の開発が進められているが，現在でも除草剤耐性や耐虫性などの第一世代の組換え作物の割合が面積でも生産量でも大部分を占めている．しかし，第一世代の組換え作物も性能の点では年々改良されている．除草剤耐性ダイズは，1997 年の米国のダイズの作付面積の 17%であったが，2013 年には 93%となった．除草剤耐性ワタの作付けは，1997 年には作付面積の約 10%であったが，2013 年には 82%に拡大した．除草剤耐性トウモロコシの割合は，2013 年に米国のトウモロコシ作付面積の 85%に達している．Bt コーンの作付けは，1997 年に米国のトウモロコシの作付面積の約 8%であったが，2013 年には 76%に増加した．近年の Bt コーンはアワノメイガという害虫に加えて，コーンルートワームやトウモロコシオオタバコガにも耐性の新しい組換え品種が開発されたことが大きい．組換えワタでは，異なる組換え品種を交配して 2 つの遺伝子を併せ持つ「スタック品種」(例えば，耐病性と耐虫性の両方を併せ持つ品種) が増加し，2013 年の作付けでは 67%を占めた．トウモロコシでもスタック品種の作付けが，2013 年に作付面積の 71%を占めている．

4-2. 日持ちを良くしたトマト「フレーバーセーバー」

フレーバーセーバーはアメリカのベンチャー企業である Calgene 社が 1994 年に開発した遺伝子組換え作物の第１号である．現在はアメリカでは遺伝子組換え作物に表示はされていないが，この頃販売されたフレーバーセーバーには「genetically modified（遺伝子組換え）」というシールが貼られていた（図 4.1）．このトマトは成熟後に果肉を柔らかくする酵素であるポリガラクチュロナーゼの働きを抑えるアンチセンス遺伝子（図 4.2，3-8-1．アンチセンス（antisense）法参照）を導入することで果実が成熟しても傷みにくいという特性をもたせたものである．ポリガラクチュロナーゼは細胞壁に含まれる多糖類であるペクチンの主成分であるポリガラクツロン酸を加水分解する酵素である．このトマトは，畑で完熟させた後に収穫して販売しても傷みにくいため，完熟した果実を食べられるという点で消費者にも利点があるが，完熟後の収穫によって商品価値を高めたり，収穫後に型崩れしにくいために運搬中のロスを減らせるというメリットが生産者や流通業者にもある．ちなみに，Calgene 社はその後，組換え作物開発で世界をリードする Monsant 社に買収されている．

図 4.1　フレーバーセーバーとアメリカのスーパーの組換えトマトの陳列棚

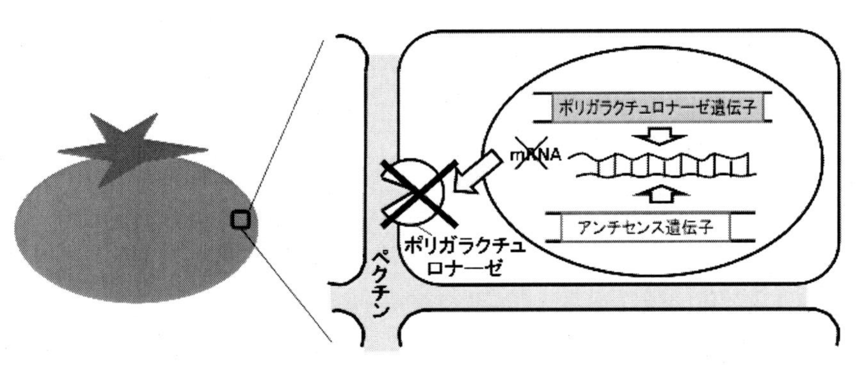

図 4.2　アンチセンス法による型崩れしにくいトマトの作出

4-3. 除草剤耐性作物

非選択性除草剤は，植物に特有な代謝経路や光合成系路の酵素を阻害することで植物を枯死させる．これらの経路は植物に共通なため，すべての植物に同様な枯死効果がある．非選択性除草剤のグリホサート（商品名：ラウンドアップ）は，シキミ酸経路のEPSPS（5-エノールピルビルシキミ酸-3-リン酸合成酵素：5-enolpyruvylshikimate-3-phosphate synthase）という酵素を阻害することで，生育に必須なアミノ酸（トリプトファン，フェニルアラニン，チロシン）やこれらのアミノ酸を含むタンパク質や代謝産物の合成を阻害して植物を枯死させる（図4.3）．このEPSPSという酵素は，植物と一部の微生物だけが持っているもので，この酵素を持っていない人間や動物にはグリホサートは作用しない．

米国の化学会社のモンサント社は，アグロバクテリウムがもっているグリホサートの影響を受けないCP4EPSPSというEPSPSと同等の機能をもつ酵素の遺伝子を様々な作物に導入して，グリホサート耐性（商標名：ラウンドアップ・レディ）作物を開発した（図 4.3）．主に，ダイズ，トウモロコシ，ナタネ，ワタなどのラウンドアップ・レディ品種が多数作出され，米国ではそれぞれの作物の大半の市場を獲得するに至っている．これらの除草剤耐性作物と対応する除草剤を利用することにより，従来の栽培方法で用いられていた多種の除草剤を複数回散布する方法に代えて，ラウンドアップを1〜2回散布するだけで，ほぼ完全に雑草の発生を抑制できるため，種子代は高くなるものの除草コストと使用除草剤量を減少させることができる．

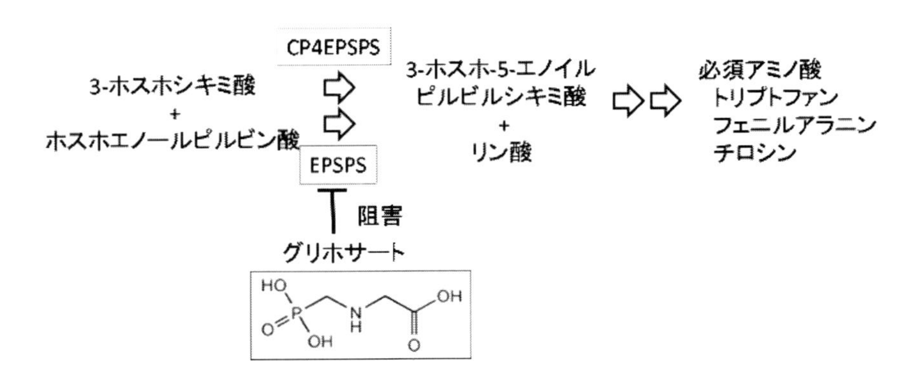

図4.3　シキミ酸経路と除草剤グリホサート
EPSPS：5-enolpyruvylshikimate-3-phosphate synthase

しかし，近年ではラウンドアップの不適切な散布により，ラウンドアップ耐性雑草が出現・増加しているという報告がある．除草剤耐性作物の利用では，適切な除草剤の利用が求められるとともに，新たな除草剤と耐性作物のセットの開発も必要である．

ラウンドアップと同様に，植物の様々な代謝経路上の酵素を阻害する除草剤を開発し，その除草剤の影響を受けない酵素の遺伝子を微生物や変異原処理した植物から取得して耐性の組換え植物を作出することで，いくつかの除草剤耐性植物のシリーズが作出されている．開発した企業は，除草剤とその除草剤に耐性の作物の種子をセットで販売することで，大きな売り上げを確保することができる．しかし，そのような商法は，消費者である農家の選択肢を狭めて市場を独占しているとして非難される場合もある．

4-4. 耐虫性作物

Bacillus thuringiensis という微生物は，カイコをはじめとする昆虫の病原性微生物として知られていた．この微生物が作る殺虫性タンパク質（Bt タンパク質）は，作物の茎や実にもぐりこんで食害するメイチュウ（蛾の幼虫：図4.4）などの農薬では防除しにくい昆虫に対して効果が高く，人畜には無害なことから，この細菌を培養して得られる抽出物は天然成分の殺虫剤として有機農業にも利用されてきた歴史がある．Bt タンパク質は，昆虫のアルカリ性の消化管で可溶化され，消化酵素（プロテアーゼ）によって分解されて活性化毒素へと変換される（図4.5）．従って酸性の消化液を持つヒトなどの動物では毒素は生成されない．さらに，この活性化毒素が，昆虫中腸の微絨毛上にある受容体と結合し，細胞膜に穴が開くことで昆虫は死に至る．ヒトなどの動物ではこの受容体も存在しないため，毒性は発揮されない．耐虫性作物は，この Bt タンパク質をつくる遺伝子を作物に導入して植物自身にこのタンパク質を産

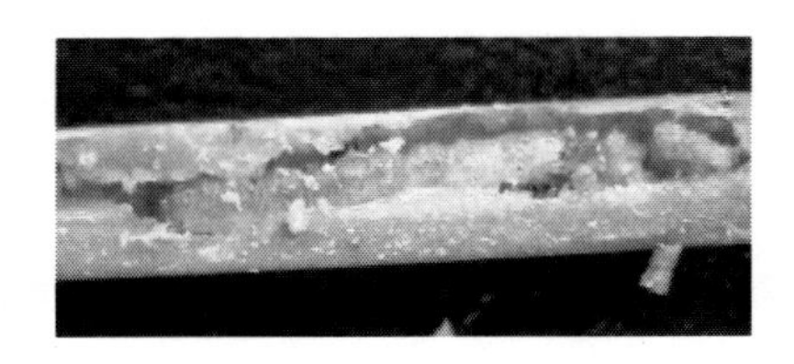

図4.4　メイチュウによるイネの茎の食害

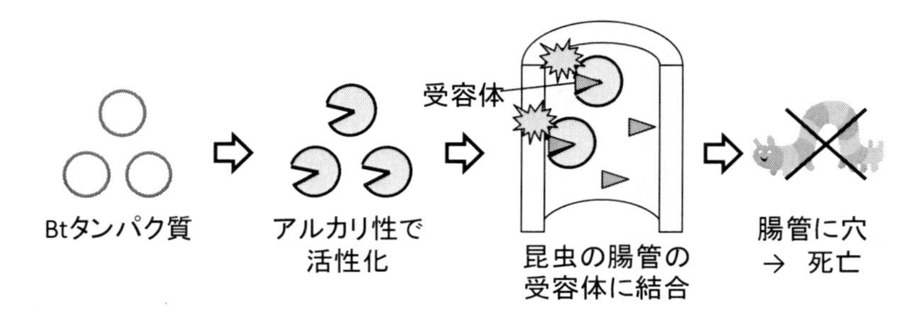

図4.5 Bt タンパク質の毒性の発揮

生させたものである. Bt タンパク質(Cry)にはCryIAa, CryIAb, CryIAc, CryIB, CryIC, CryID, CryⅡA, CryⅡB など 200 種以上の種類があり, タンパク質によって殺虫スペクトルが異なるため, 標的とする害虫に適したCry遺伝子を選択する必要がある. さらに, 微生物と植物ではコドンの使用頻度* (codon usage) が異なるため, 一般に微生物の遺伝子をそのまま植物に導入してもタンパク質に翻訳されな場合がある. そのため *Cry* 遺伝子のコドンを植物型 (導入する植物種に適したコドン) に改変する必要がある. Bt タンパク質の種類によってはヒトの消化液中で消化されにくいものがあるため, アレルゲンとなる可能性があるが, そのような比較的難消化性の Bt タンパク質の場合は, 組換え作物の安全性評価の過程で問題視され認可されないため, 市販されている組換え作物にはそのような問題はない.

＊コドンの使用頻度 (codon usage): 複数のコドンが同じアミノ酸をコードしている場合に, 生物種によって特定のコドンを使用する頻度が異なること. 例えば, プロリン (proline) をコードするコドンはCCA, CCC, CCG, CCU の4種があるが, ある生物ではCCA が他の3種より多く使われるが, 別の生物ではCCC がよく使われる. このようなコドンの使用頻度は生物種によって異なり, 適切なコドンを使用していない外来遺伝子は発現量 (翻訳量) が極端に低くなる場合がある.

これらのBt 作物の栽培では, BT 作物から飛散した花粉が付着した植物を摂食する害虫以外の昆虫にも影響が及ぶことなどが指摘されているが, その影響は無視できるほど小さいという報告もある. Bt タンパク質を適切なプロモーターで発現させる, 例えば花粉では発現させないことで可能な限り益虫に影響がないように導入遺伝子を設計するなどの配慮も大切である.

また，除草剤耐性作物や農薬の利用と同様に，BT 作物でも突然変異による耐性をもった害虫の出現が問題である.

第 4 章の問題

(1) ラウンドアップの作用機構を説明し，除草剤耐性植物（ラウンドアップ・レディ）が除草剤に耐性を示す理由を説明しなさい.

(2) BT タンパク質を農薬として散布する場合と，組換え植物によって生産させる場合の環境やヒトに与える影響の相違について述べなさい.

(3) Bt タンパク質がヨトウ虫（害虫）に作用するがヒトには作用しない理由を 100 字以内で述べなさい.

(4) 微生物の遺伝子を植物で利用する場合の注意点を述べよ.

(5) フレーバーセーバーに導入されたアンチセンス遺伝子を制御するプロモーターに要求される発現特性を述べなさい.

(6) フレーバーセーバの実が熟しても傷みにくい理由について，遺伝子工学の視点から 100 字以内で説明しなさい.

第5章　生産性を高める

5-1. 作物の生産性

作物における生産性とは，一般に収穫量のことであり，面積や栽培期間あたりの可食部位の収穫量を指す．しかし，同じイネでも食糧としてのコメの生産を目的として栽培する場合には種子の重量が収穫量であるが，茎葉または茎葉と若い子実を一緒に青刈りして飼料とする場合には，収穫時点における地上部の全重量が収穫量となる．同様に，茎葉をバイオエタノールの生産に利用するのであれば，茎葉の重量が生産量となる．

5-2. イネの生産性

穀物としての生産量をイネを例にとって述べると，作物学や育種学では収量を収量構成要素に分けて考える．イネの収量は，（単位面積当たりの株数）×（一株当たりの穂数）×（一穂当たりの種子数）×（一粒当たりの種子重量）で表すことができる（図5.1）．

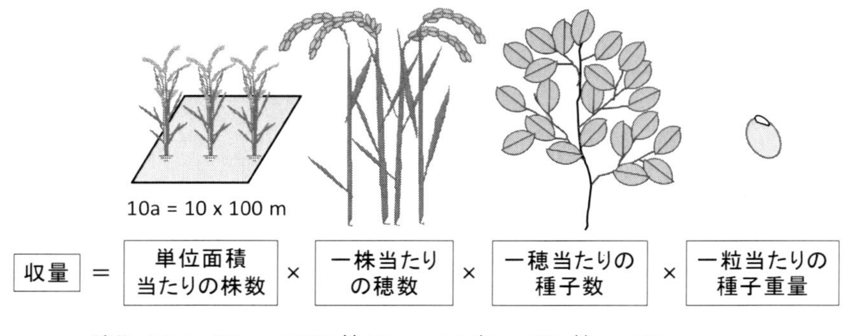

図5.1　イネの収量構成要素

日本では単位面積は10a（アール，1aは10m×10m）であり，一粒とは玄米（モミを取り除いた種子）であるが，他の国では一般にモミ殻つきの重量で表すので統計資料を見る場合には注意が必要である．ちなみに，日本におけるイネの平均収量は約520kg/10aであるが，中には1000kg/10aを超える収量を達成する農家もいる．ここで，収量を高めるということは，収量構成要素の掛け算の値を大きくするということである．これらの項目の中で特に影響が大きいのは（一株当たりの穂数）と（一穂当たりの種子数）である．日本では穂数型品種と言って，一株当たりの穂数を多くする方向で長いあいだ育種（品種開発）が行われてきた．現在，よく栽培されているコシヒカリやひとめぼれなどの品種は穂数型品種である．一般に（一株当たりの穂数）と（一穂当たりの種子数）は反比例の関係にあり，穂数が増えれば一つの穂の種子数は減る．生産性を高めることは，この積を最大化することであるが，穂数と一穂当たりの種子数のどちらを増やせば積が最大化できるかという問題は単純ではない．日本では収量とともに品質が重要な農業形質である．一穂あたりの種子数が多い場合は穂についている多数のモミが開花・成熟する時期に幅が生まれる．イネの種子は頴花という花の一つ一つが種子に発達するが，大きな穂では頴花が咲く時期が１週間以上にわたってバラバラに開花するため，成熟時期にも同様な差が出る．コメの品質は登熟（成熟）が均一（未熟な青米や過熟の米が含まれていないこと）であることが重要な指標であるため，開花期に差がない穂の小さな品種では収穫したコメのほとんどが高品質であるのに対し，穂の大きな品種では未熟や過熟の不良米の割合が多くなり，結局は低品質で安いコメになってしまう．従って，少なくとも日本においては，収量の高い品種とは，単に見かけの収穫量が多いだけではなく，すべての種子が同調的に成熟して品質が高いことも必要である．

ちなみに，かつては不良米の多い米は等級が低い安い米として売るほかはなかった．しかし，最近では精米・選米機が高機能化しており，全粒をセンサーで判定して良質米のみを選別することが可能であるため，等級の低いコメから不良米を取り除いて等級を上げることも可能である．しかし，その場合はそれなりのコストがかかり，相当量の「くず米」が生じることになる．

5-3. 茎数を増やす

既に述べたように，イネの収量を高めるために分げつ，すなわち茎数（＝一株あたりの穂数）を増やした方がよいのか，穂の大きさ（種子数）を大きくした方がよいのかは一概には言えない．しかし，イネの茎数を制御する遺伝子は既に報告されている．*MONOCULM1*（*MOC1*）は分げつ（枝分かれ）が起きない，すなわち，茎が１本しかできない突然変異体である．*MOC1* はトマトの枝分かれしない突然変異体の原因遺伝子である *LATERAL SUPRESSOR*(*LS*) と 44%の相同性を示し，GRAS ファミリーに属する遺伝子であった．*MOC1* はイネの茎頂で発現しており，腋芽の形成と伸長に関与しているが，*moc1* 突然変異体ではこの遺伝子にトランスポゾン（動く遺伝子）が挿入されて機能しなくなっていた．*MOC1* 遺伝子を過剰発現させたイネでは茎数の増加が認められた．

ちなみに，トウモロコシの原種はテオシンテという多数の枝分かれを形成する植物で，*teosinte branched1*（*tb1*）という遺伝子に突然変異が起きたことで，茎が１本で穂が大きい現在のトウモロコシが誕生したと考えられている．

5-4．穂のモミ数を増やす

イネのモミ数を制御する遺伝子も報告されている．東京大学大学院農学生命科学研究科の経塚淳子准教授らは，作物の収量増につながる遺伝子「TAWAWA1」（*TAW1*）をイネから発見した（Yoshida et al. 2013）．*TAW1* 遺伝子の働きが強まった変異体では，イネの穂の枝分かれ（枝梗）が増えてコメ（モミ）の数が増加するが，この遺伝子の働きが強すぎる変異体では更に枝分かれだけが繰り返された（図 5.2）．逆にこの遺伝子の働きが弱まった変異体では枝分かれ

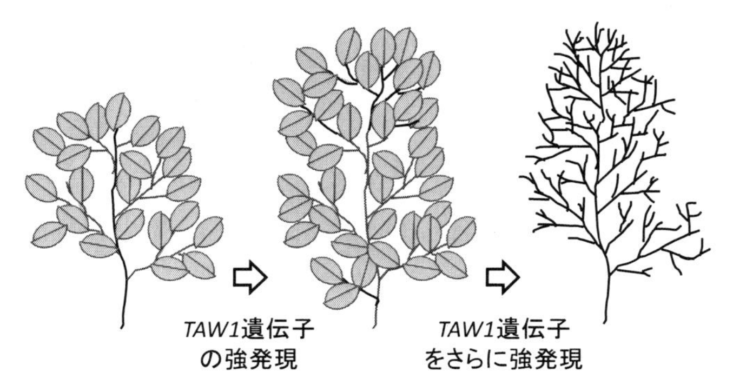

図 5.2　*TAW1* 遺伝子の働き
TAW1 遺伝子が適度に強く働くとモミ数が増えるが，働きが強すぎると無限に枝分かれが繰り返されてモミができない．

が抑制されてモミの数が減少した．この遺伝子は茎頂分裂組織において穂の枝分かれが形成される過程で働いていることが確認された．この遺伝子の働きを適切にコントロールすることで，一つの穂につくモミの数を増やすことができると考えられる．しかし，モミの数が増えるということは，より多くの光合成産物を同時に多数のモミに届ける必要が生じ，それが出来なければ生育不良や不稔のモミが増加する可能性もある．既に述べたように日本のような高品質のコメが求められる市場では，多数のモミが均一に生育・成熟することが必須であり，この遺伝子を利用した多収イネの実用化にはまだ多くのハードルがあると考えられる．一方で，飼料やバイオマスとして利用するイネに応用する限りにおいては利用価値が高いかもしれない．

5-5. 草丈を低くする

イネなどの穀物では，一般に草丈（稈長）を低くすること（短稈）が収穫量の増加につながる．これは一見すると逆ではないかと感じるかもしれないが，穀物はたくさん実りすぎると，茎がその重さに耐えられずに倒れて（倒伏して）しまう．その場合，イネであれば穂が水に浸かって種子が発芽したり，コメの品質の低下が起きる．インディカ種のイネであれば脱粒といってモミが穂から離れやすくなってしまう．この倒伏という現象は稈長が長いほど起きやすく，多肥にするほどその危険は高まる．しかし，生産者としては収量を多くするために倒伏しない範囲でできるだけ多肥で栽培したいと考える．そこで，多肥で栽培しても倒伏しにくい短稈の品種を利用することで収量の増加が達成されてきた．

1960 年代に東南アジアを中心に達成された「緑の革命（Green Revolution）」というイネの生産性の向上は，短稈で高収量の品種（IR8 など）の開発と化学肥料の大量投入などにより可能になった．その短稈化の原因遺伝子である半矮性遺伝子 *sd1*（*semi-dwarf1*）が植物ホルモンであるジベレリンの生合成を制御する遺伝子であることがわかっている（Sasaki et al. 2002）．この劣性遺伝子をホモ接合で持つと，ジベレリンが正常量より減少することで，茎の節間が短くなり，結果的に稈長がやや短くなる．一般に，ジベレリンの生合成量が低下して草丈が低くなる場合は，穂の長さも短くなって結果的に収量も低下するが，*sd1* の場合は穂の長さには影響しないため，短稈化しても収量は保たれる．同様の短稈化による多収品種の育成はコムギでも行われ，同様に「緑の革命」と呼ばれている．

もしも，イネや穀類の茎が非常に丈夫で，どんなに収量が増えても倒伏しないとすれば，収量を増加させるためには単純に穂や茎を長くすればよいことになるが，この例のように単に収穫部位を大きくした場合には逆の結果を生む可能性もある．栽培方法や栽培技術に応じた適切な形質を付与しなければ実用的な品種育成を行うことはできない．

5-6. 葉を緑に保つ

葉の老化を抑えることは光合成を行う期間を延ばし，作物の収量を増加させることにつながると考えられる．stay green 突然変異体では，葉の老化（黄化）が抑制される．これらの変異体では，老化に関係するエチレン，アブシジン酸，ブラシノステロイド，ストリゴラクトンなどのシグナル伝達が抑えられていたり，サイトカイニンのシグナル伝達が活性化されていた（Kusaba et al. 2013）．葉の老化にはN末端側にNACドメインを持つNAC（NAM, ATAF1, 2, CUC2）転写因子やアミノ配列WRKYを含むWRKY転写因子が重要な役割を果たしており，これらの転写因子の活性を改変することで葉を緑に保つことが可能であることが分かっている．また，クロロフィルの分解機構に関係する酵素を阻害することでも葉を緑に保つことが可能である．しかし，突然変異体のなかには緑色が長く保たれるものの，クロロフィルの分解によって有害な中間代謝物が蓄積して枯死するものもあり，遺伝子組換えによって光合成期間の長い植物を作出するためには，多数のstay green 突然変異体の原因遺伝子の中から最適なものを選ぶことと，関連する複雑な遺伝子ネットワークの適切な制御が必要と考えられる．

メンデルが遺伝の法則を発見するのに用いた成熟しても緑色のエンドウの種子は，葉も同様に成熟しても緑色を保つstay green 突然変異体である．この突然変異の原因遺伝子はクロロフィルの分解酵素の制御に関わっていることが報告されている（Sato et al. 2007）．このような葉の緑色を保つ形質は，観葉植物・カバープラント・葉菜類等への応用，畳表やしめ縄などの緑色の工芸品への利用が期待されている．

葉が光合成能力を長く保つことは生産性を高めるうえで重要であるが，イネの場合には前述したように一斉に成熟することが高品質の必要条件であり，穀粒表面のクロロフィルが分解しない緑色のコメや茎葉からの養分の移動が一斉に起きないために未熟なコメが混じっている場合は品質が劣ると判断される．従って，成熟の過程で葉や茎のタンパク質やデンプンが分解され，種子に送られる転流（図5.3）という現象が一斉に起きることが重要である．葉が緑を保つということは，この転流が遅れる，あるいは一斉に起こらない可能性もあるため，品質の低下や生産性の低下を招く恐れもあり，実用化には充分な研究が必要であろう．

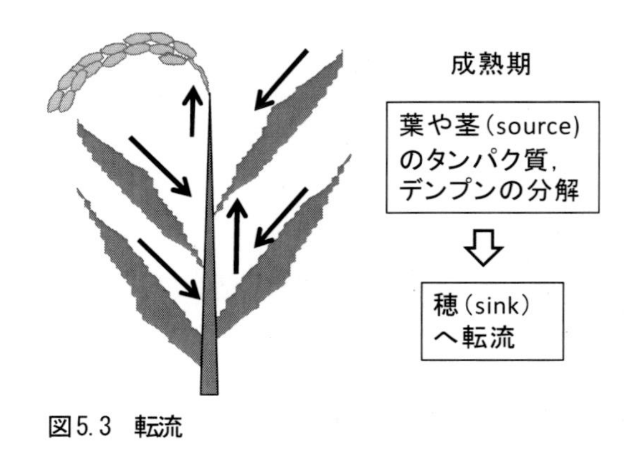

図5.3　転流

5-7. 果実（種子）を大きくする

収量を増大させる方法として収穫物である果実（種子）を大きくすることが考えられる．その場合，果実（種子）の数との積が増大しなければならない．一方で，収穫部位が重くなれば前述の倒伏の問題も起きるため，その対策も必要になる．

Zhang et al. (2013) は，イネの幼穂および穀粒で天然に高発現するOsmiR397というマイクロ RNA（miRNA）を過剰発現させることで，穀粒を大型化させるとともに穂の分岐を促進することにより，圃場試験で米穀の総収量を 25%増加させることに成功したと報告している．OsmiR397は，その標的である*OsLAC*の発現を抑制することによって米穀の収量を増加させた．*OsLAC*が生ずるラッカーゼ様タンパク質は，植物ホルモンであるブラシノステロイドに対する感受性に関与することが示されている．

また，コメの形はイネの花であり後にモミになる「頴花」の形に規定される．ジャポニカ種のコメは比較的短い俵状の形をしているが，受精前後の時期に頴花の先端を切断すると形成される玄米は先の尖った円錐様の形態となる（図 5.4）．従って，頴花が三角形や四角形であればその形のコメが実ることになる．さらに，粒の巨大なコメを開発したい場合は，光合成産物の供給量を増加させる必要があるだけでなく，頴花の大型化と玄米を包んでいる種皮の伸長も必要である．逆に，頴花が小型化した（短くなった）品種は既に存在する．イネの大黒という品種は植物ホルモンのジベレリンの生合成遺伝子の突然変異体で，茎や穎花でジベレリンが合成されないため，背丈が低く穎花が短い．そのため，穎花中のコメも伸長できずに，通常のコメの半分くらいの大きさのほぼ球形のコメが実る．このような球形のコメは食感も通常のコメとは異なり，新規な用途の開発も可能だと考えられるが，収穫量が極端に低くなるため，生産コストが高くなる．

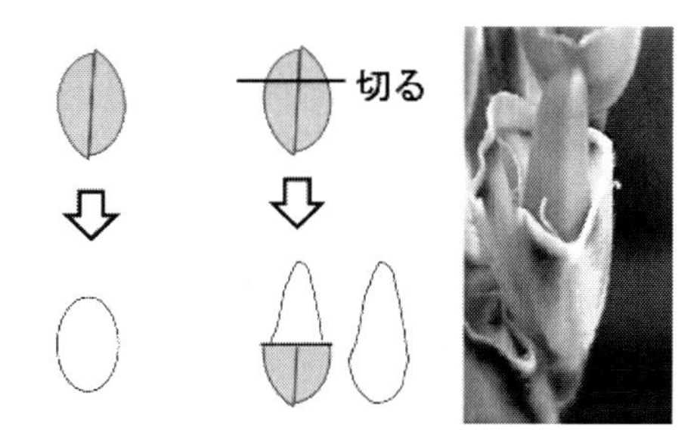

図 5. 4　穎花の切断と玄米の形
穎花（モミ）の先端を切断した玄米は先の尖った円錐様の形になる．

第 5 章の演習問題

(1) イネの収量を増大させるために遺伝子組換えでモミ数を増加させた品種を開発するとして，その他にどのような改変を同時に行う必要があるか．

(2) 巨大米（一粒でにぎり寿司やおにぎりができるコメ）を分子育種する場合，どのような遺伝子の改変が必要となるか．

(3) 一房に付く実の数が少ないブドウの突然変異体が見つかったとする．この原因遺伝子を利用して，一房に付く実の数を増やすことが可能だとした場合，どのような遺伝的改変方法が考えられるか．

(4) 緑の革命について説明しなさい．

第5章の参照文献

Yoshida A, Sasao M, Yasuno N, Takagi K, Daimon Y, Chen R, Yamazaki R, Tokunaga H, Kitaguchi Y, Sato Y, Nagamura Y, Ushijima T, Kumamaru T, Iida S, Maekawa M, Kyozuka J (2013) TAWAWA1, a regulator of rice inflorescence architecture, functions through the suppression of meristem phase transition. Proc Natl Acad Sci USA 110: 767-772

Li X, Qian Q, Fu Z, Wang Y, Xiong G, Zeng D, Wang X, Liu X, Teng S, Hiroshi F, Yuan M, Luo D, Han B, Li J (2003) Control of tillering in rice. Nature 422: 618-21.

Doebley J, Stec A, Gustus C (1995) Teosinte Branched1 and the Origin of Maize: Evidence for Epistasis and the Evolution of Dominance. Genetics 141: 333-346

Sasaki A, Ashikari M, Ueguchi-Tanaka M, Itoh H, Nishimura A, Swapan D, Ishiyama K, Saito T, Kobayashi M, Khush GS, Kitano H, Matsuoka M (2002) Green revolution: a mutant gibberellin-synthesis gene in rice. Nature 416:701-702

Sato Y, Morita M, Nishimura M, Yamaguchi H, Kusaba M (2007) Mendel's green cotyledon gene encodes a positive regulator of the chlorophyll-degrading pathway. Proc Natl Acad Sci USA 104: 14169-14174

Kusaba M, Tanaka A and Tanaka R (2013) Stay-Green Plants: What do they tell us about the molecular mechanism of leaf senescence. Photosynth Res Published on-line

Zhang YC, Yu Y, Wang CY, Li ZY, Liu Q, Xu J, Liao JY, Wang XJ, Qu LH, Chen F, Xin P, Yan C, Chu J, Li HQ, Chen YQ (2013) Overexpression of microRNA OsmiR397 improves rice yield by increasing grain size and promoting panicle branching. Nat Biotechnol 31: 848-852

第6章　非生物的ストレス（abiotic stress）耐性

6-1. 環境ストレス

乾燥，塩，強光，高温，低温，病原菌，害虫などの植物の生育に悪影響を与える環境要因を環境ストレスといい，病虫害などの生物的ストレス（biotic stress）とそれら以外の非生物的ストレス（abiotic stress）に分類される（図 6.1）．植物は様々な環境ストレスによって潜在的な生産量の 3 割程度しか発揮していないという報告もある（図 6.1）．従って，食糧生産の増大には環境ストレスに耐性をもった植物の育種が有効な方法と考えられる．また，乾燥や塩害によって砂漠化している土地を緑化するためにも，乾燥，塩，強光，高温などの環境ストレス耐性植物の育種が必要である．さらに，バイオ燃料等の原料となるバイオマスの生産は，食糧との競合を回避するためにも耕作不適地で生産することが検討されている．そのため，環境ストレス耐性植物に関する研究は，世界的に精力的に行われている．

生物的ストレス（biotic stress）	非生物的ストレス（abiotic stress）
・病原菌・ウイルスの感染 ・害虫による摂食 ・動物による摂食 など	・乾燥 ・塩害 ・強光，紫外線 ・高温，低温 ・風害 など

図6.1　環境ストレス

すべての植物は，乾燥に対処するための乾燥耐性の仕組みを有している．例えば，気孔を閉じて水分の蒸散量を抑えることで，短時間の乾燥条件をやり過ごすことができる．また，種子は通常の植物体に比べると極度に低い水分含量で休眠状態に置かれているが，そのような通常の植物であれば枯死する条件でも生存できるのも，耐乾性機構が機能しているからである．また，イワヒバの仲間の復活草（*Selaginella lepidophylla*）は植物体がカラカラに乾燥した極度な脱水条件でも生存することが可能で，再び水を与えると生育を再開する．さらに，乾燥や高塩ストレス条件の植物は外部の高い浸透圧によって吸水が困難になるため，適合溶質と呼ばれる浸透圧調節物質を蓄積して給水能力を維持しようとする．このような植物が本来持っているストレス耐性の仕組みを解明・利用することでストレス耐性植物を作出することができると考えられる．また，植物以外の生物のもつストレス耐性機構であっても，遺伝子組換え技術を利用すれば植物に利用可能である．

6-2. 耐乾性・耐冷性

6-2-1. 転写因子の強化

(1)DREB 転写因子

APETALA 2/ethylene-responsive element binding factor (AP2/ERF)ファミリーは植物に特有な転写因子（3-9-4. 参照）で，中でも dehydration-responsive element (DRE：塩基配列は TACCGACAT）に結合して転写を活性化する DREB1/CBF（dehydration-responsive element binding factor/C-repeat binding factor）と DREB2/CBF の二つの転写因子は非生物的なストレスに対する耐性に重要な役割を果たしている．

シロイヌナズナの DREB1A は乾燥条件に置いたときに強く発現する遺伝子 *RD29A* のプロモーター部位に特異的に結合する因子として見出され，*RD29A* 以外にも乾燥や低温時で発現誘導される様々な耐性遺伝子群の転写のスイッチをオンにし，それ以外の時にはオフとする指令を行う（図 6.2）．DREB1A を過剰発現させた組換えシロイヌナズナでは，LEA（6-2-2. 参照）をはじめとする下流のストレス応答遺伝子の発現が誘導され，結果として乾燥（水やり停止 2 週間），凍結（－6℃，2 日間），塩処理に対して耐性を示した（Liu et al. 1998）．しかし，*DREB1A* 遺伝子がストレスのない場合でも常に働いている状態では，生育の抑制などの望ましくない効果が現れるため，ストレスに応答するプロモーター（*RD29A* プロモーター）と組み合わせて利用することで，生育障害を伴わずにストレス耐性を示す組換え植物が得られることも示されている．この理由としては，ストレス耐性遺伝子の働きは，一般の植物にとっては緊急事態への応急的な対応であって，非ストレス条件で緊急措置が機能し続けることは植物にとって不利益をもたらすためであると考えられている．シロイヌナズナの *DREB1A* とイネ，トウモロコシ，トマトなど他の植物のもつオーソログ*遺伝子は，イネ，コムギ，ジャガイモなどの各種作物

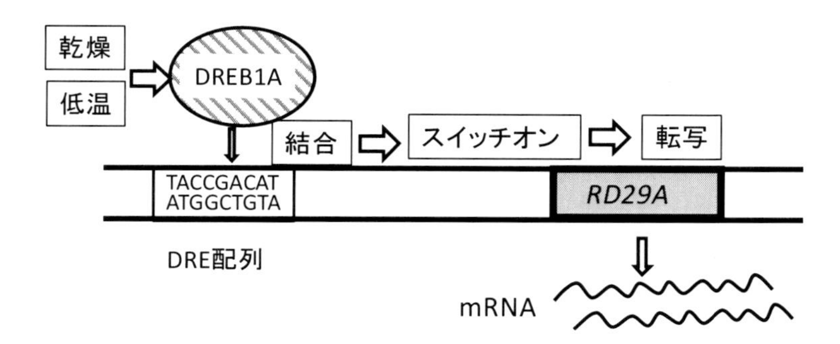

図6.2　DREB1A 転写因子による乾燥・低温応答性遺伝子の発現誘導

*オーソログとパラログ：オーソログは共通の祖先をもつ生物種間で，祖先の単一の遺伝子から種の分化によって形成された相同性を持つ遺伝子をいう．一方，パラログは遺伝子の重複により同一種内にできた相同性のある遺伝子をいう．オーソログ，パラログを含めて相同性がある遺伝子はまとめてホモログという．

においても同様の効果があることが示されており，耐乾性・耐冷性の組換え植物の実用化に向けた研究も行われている．

DREB2A と DREB2B は乾燥，塩処理，高温処理によって誘導されるが，低温では誘導されない．DREB2A は過剰発現させても組換え体のストレス耐性に変化はなかった．この原因として，DREB2A はそのアミノ酸配列に非活性化部位を含むために通常は活性が抑えられていることが判明した．そこで，非活性化部位を除去した活性型 DREB2A を発現する組換え体を作製したところ，乾燥，塩ストレス，高温に対する耐性が向上した（Sakuma et al. 2006）．

(2) NAC 転写因子

イネの NAC（NAM, ATAF, and CUC）ファミリー転写因子 NAC1 を過剰発現する組換えイネは乾燥と塩ストレスに耐性を示すことが報告されている（Hu et al. 2006）．乾燥条件の圃場で栽培した組換えイネはコントロールの非組み換えイネと比較して種子の稔性が 22-34%高かった．組換え体はアブシジン酸に対する感受性が高まっており，より気孔を閉じ易くなることで乾燥に強くなっていた．しかし，気孔を閉じやすいにもかかわらず，光合成活性は低下しておらず，二酸化炭素の取り込みには影響がなかった．

このようにストレス耐性のうち，特に耐乾性と耐冷性，そしてしばしば耐塩性のシグナル伝達経路は密接に関連しており，一つのストレスに耐生を示す組換え植物は他のストレスにも耐性を示すことが多い．また，ここで紹介したような転写因子遺伝子の発現によってストレス耐性が強化されることが報告されているが，実験で用いられているストレスは一過的なものであり，全生育期間にわたる継続的なストレス条件下での生存を確保し，一定の生育を維持するためにはさらなる耐性機構の付与が必要であると考えられる．

6-2-2. 種子に学ぶ耐乾性

(1) LEA (Late Embryogenesis Abundant) タンパク質

LEA タンパク質は，名前の通り，種子や不定胚の形成後期において多量に蓄積される 10-30kDa の分子量をもつ親水性の低分子量タンパク質であり，乾燥や低温，塩処理によって引き起こされるダメージから植物細胞を保護する役割がある．オオムギの LEA タンパク質である HVA1 を過剰発現させた組換えイネは耐乾性と耐塩性が向上した (Xu et al. 1996)．同様に，各種植物由来の LEA タンパク質を異所的に，あるいは過剰発現させることで乾燥，低温，凍結耐性などが向上することが報告されている．

また，LEA タンパク質の一種である dehydrin は，ストレスによって発生する有害な活性酸素を消去するとともに，発生自体を抑制することでストレス耐性を付与することが報告されている．

(2) ラフィノース

ラフィノース（raffinose，図 6.3）は砂糖大根（ビート）などの一部の植物に多く含まれるが，一般には種子が乾燥する過程で多く蓄積されるオリゴ糖であり，種子が乾燥しても生存できる機構に関係している．乾燥ストレスを受けたシロイヌナズナではラフィノース属オリゴ糖のラフィノースとガラクチノール（galactinol，図 6.3）が生産される．このラフィノース属オリゴ糖の生合成の鍵遺伝子であるガラクチノール合成酵素遺伝子（*AtGolS2*）を植物体で過剰発現させたシロイヌナズナが乾燥耐性を持つことが報告されている (Taji et al. 2002)．この組換え体ではラフィノースが大量に合成され，14 日間水をやらなかった場合には，野生

のシロイヌナズナはすべて枯死したが，組換え体はすべて生存した

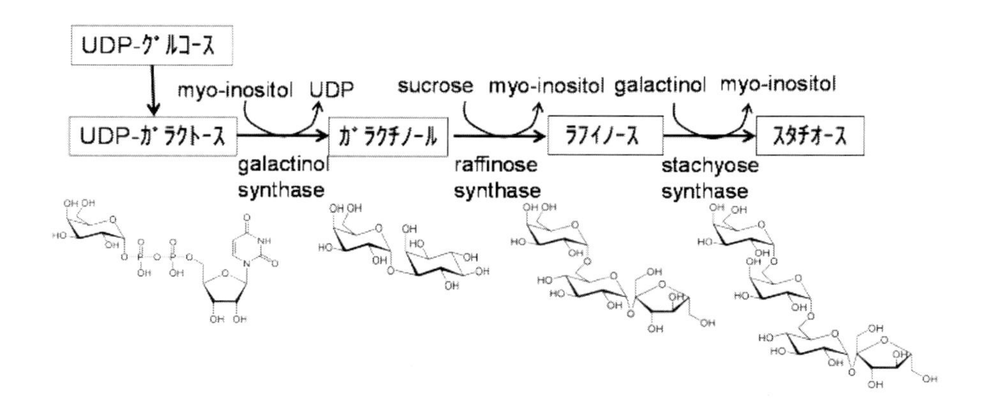

図6.3　植物におけるラフィノース属オリゴ糖の生合成経路

6-3. 耐塩性

6-3-1. 塩ストレスと耐塩性機構

塩ストレスは大きく分けて二種のストレスから構成される．植物は，塩類を形成しているイオンのうち，Na^+イオンが多量に細胞中に流入した場合には，酵素反応の阻害などのNa^+イオンがもつ細胞毒性によるイオンストレスを受ける．また，海岸や塩類集積土壌のように根圏に高濃度のNa^+イオンやCl^-イオンが存在する場合は，根の外部が高浸透圧であるために吸水が阻害され，乾燥状態と同様の水分ストレスを受ける．

このような二面性を有する塩ストレスに対する植物の耐性機構としては，①Na^+イオンの液胞や細胞間隙への隔離，②適合溶質の生産による浸透圧の上昇，③塩類腺からの塩の排出，④塩ストレスにより二次的に発生する活性酸素種の消去などが知られている．細胞レベルでは，①，②，④が主な耐性機構として働く（図6.4）．

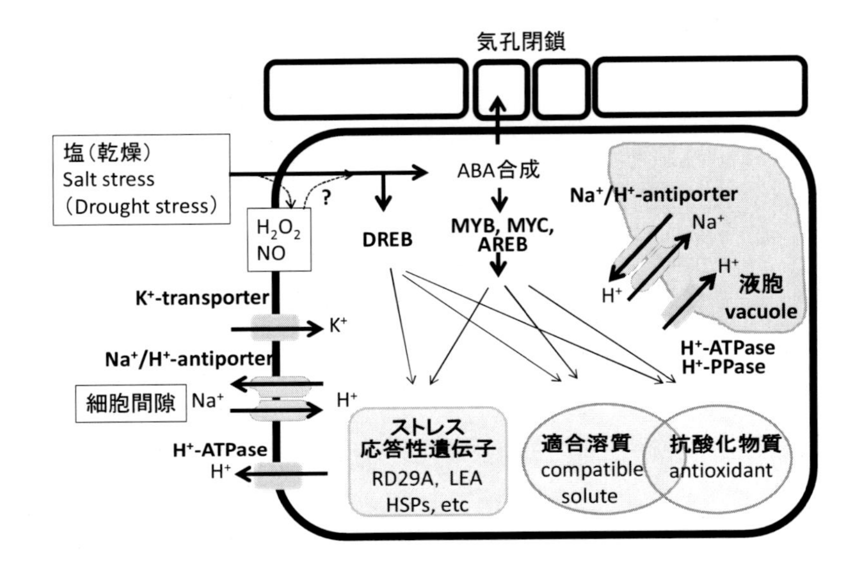

図6.4　細胞レベルの耐塩性機構

6-3-2. Na^+イオンを隔離する

(1) 液胞型Na^+/H^+ antiporter

液胞膜上に存在するNa^+/H^+ antiporter は，細胞質中のNa^+イオンを液胞に輸送し，同時に液胞中のH^+イオンを細胞質に対向輸送する運搬タンパク質である（図6.4）．有害なNa^+イオンを液胞に隔離することで細胞毒性を低減させるとともに，細胞全体としての浸透圧は維持することができる．液胞型のNa^+/H^+ antiporter を過剰発現させた組換えトマトは，200 mM NaCl を含む水耕液で生育し，開花，結実することができた．この組換え体では，葉では高濃度のNa^+イオンの蓄積が認められたが，果実のNa^+イオン濃度は低く抑えられていた（Zhang et al. 2001）．

また，塩生植物のホソバノハマアカザなど数種の他の植物の*Na^+/H^+ antiporter*遺伝子を導入した組換え植物においても耐塩性が強化されていることが確認されており，Na^+/H^+ antiporter の強化による耐塩性の向上は植物種に共通の有効な耐塩性機構である．

(2) 細胞膜型 Na^+/H^+ antiporter

Na^+イオンの隔離先としては, 液胞以外に細胞間隙もある. 細胞膜型 Na^+/H^+ antiporter (SOS1) は, 細胞質の Na^+イオンを細胞膜を通して細胞間隙に排出する対向輸送タンパク質である. *SOS1* 遺伝子を過剰発現させた組換えシロイヌナズナでは篩管中の Na^+イオン濃度が低く抑えられ, 耐塩性の向上が認められた. 組換え体から誘導したカルスも耐塩性を示し, カルス細胞中の Na^+イオン濃度が低く抑えられていた (Shi et al. 2003). 従って, SOS1 タンパク質によって細胞内の Na^+イオンが排出されていると考えられる.

6-3-3. 適合溶質の産生

適合溶質とは, 溶解度の大きい低分子量の化合物で, 細胞内の浸透圧を高く保つとともに, 高浸透圧による様々な生理活性の失活から細胞を保護したり, 抗酸化作用によって活性酸素から細胞を守る役割があることが知られている (図 6.4). 代表的な適合溶質としては, グリシンベタインやマンニトール, ソルビトール, トレハロースなどの糖アルコール, ピニトール, プロリンなどが知られている. 海岸に生育するマングローブなどの塩生植物の中には, これらの適合溶質を蓄積するものがある.

(1) グリシンベタイン (glycine betain)

グリシンベタインは植物を含む多様な生物で適合溶質として利用されている物質で, 酵素や細胞膜を保護する作用をもち, 耐塩性, 耐冷性, 耐凍結性, 耐熱性を高めることや活性酸素の蓄積を抑える働きがあることが報告されている. しかし, イネなど主要穀物ではグリシンベタインは蓄積しない. 植物細胞では葉緑体でセリンからエタノールアミン, コリンを経て合成される. 一般に植物ではコリンからコリンモノオキシゲナーゼ (choline monooxygenase : CMO) とベタインアルデヒドデヒドロゲナーゼ (NAD^+-dependent betaine aldehyde dehydrogenase : BADH) による 2 段階の酵素反応でグリシンベタインが生合成される (図 6.5). 例えば, イネでは両方の遺伝子をもつが, ともにスプライシングが正しく行われないために酵素活性が非常に低い. イネに外来の CMO または BADH を導入するとある程度のグリシンベタインが合成され, ストレス耐性が高まることが報告されている (Shirasawa et al. 2006). 他にも, 同様にグリシンベタイン合成遺伝子を導入したシロイヌナズナ, タバコ, トマト, トウモロコシ, ジャガイモなどでも塩，低温，乾燥，高温などのストレス耐性が高まることが報告されている．また，*Arthrobacter globiformis* という細菌では，コリンデヒドロゲナーゼによってワンステップでグリシンベタインを合成する（図 6.5）．このコリンデヒドロゲナーゼ（*codA*）遺伝子を導入することでシロイヌナズナに耐塩性を付与できることが報告されている（Hayashi et al. 1997）．しかし，これらの組換え植物のグリシンベタイン蓄積量は，野生のグリシンベタイン蓄積性植物の含量の 10～20 分の一程度（13 μmol /g dry weight）と低く，実用的とは言えなかった．一方で，塩生のシアノバクテリア由来のベタイン合成に関与する 2 種の *glycine N-methyltransferase* 遺伝子（*ApGSMT* と *ApDMT*）を導入したところ，*CMO* 導入シロイヌナズナ（0.8 μmol/g fresh weight）と比較してベタインの蓄積量の高い組換え植物（1～2 μmol/g fresh weight）の作出に成功したという報告がある（Waditee et al. 2005）．

　これまでの報告では，プロリンや糖を恒常的に発現する組換え植物では，しばしば生育異常が認められるが，グリシンベタインを蓄積する組換え植物にはそのような異常が認められない．これらのことから，適合溶質の中ではグリシンベタインの利用がより実用的であると考えられる．また，グリシンベタインを細胞質に蓄積させるよりも葉緑体に移行させた方がより凍結耐性が高まることが報告されている．

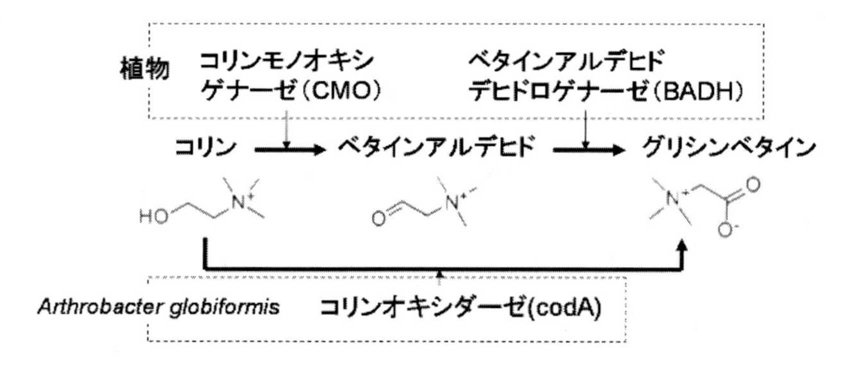

図 6.5　グリシンベタインの生合成経路

(2) マンニトール（mannitol）

　糖アルコールのマンニトールも適合溶質として利用される．マンニトール合成遺伝子

(*mannitol 1-phosphate dehydrogenase*) の導入で耐塩性のタバコを作出した例 (Tarczynski et al. 1993) も報告されている. ただし, この組換え体ではマンニトールの産生によって生育異常が認められており, 実用化のためには蓄積部位や時期などの制御が必要と考えられる.

(3) トレハロース (trehalose)

トレハロースは非還元型の二糖であり, 植物では「復活草」以外にはほとんど蓄積しない. 細菌や糸状菌, 無脊椎動物ではストレスによって蓄積されて適合溶質として働く. トレハロースは, 炭水化物, タンパク質, 脂質の保存性を高めたり, 強力な水和力により乾燥や凍結から食品を保護する機能を有するため, 最近では微生物を利用して生産されたトレハロースが食品の保存剤や添加剤として広く利用されている.

組換え植物への応用としては, 大腸菌の 2 種のトレハロース合成酵素遺伝子 (*trehalose-6-phosphate synthase* (*TPS*) と *trehalose-6-phosphate phosphatase* (*TPP*)) を融合して ABA 誘導性プロモーター, cab プロモーター, 35S プロモーターなどにつないでイネに導入したところ, トレハロースが合成されて, 組換えイネでは塩 (100 mM NaCl, 4 週間), 乾燥 (水やり停止), 低温 (10℃, 72 時間) のストレス条件下でも生長量の維持, 酸化ストレスの低減やミネラルバランスの保持などの形質が示されたという報告がある (Garg et al. 2002). しかし, 合成されたトレハロースの蓄積量は野生型のイネの 3~10 倍であったが, 絶対量としてはわずか 1 mg/g fresh weight であり, 適合溶質として働くには充分ではない. また, 組換え体では可溶性の炭水化物含量が増加して, 光合成活性が増大していたことなどから, これらの組換え体でのトレハロースの役割は適合溶質というよりは炭水化物の代謝調節に関係することが示唆されている.

同様に酵母の *trehalose-6-phosphate synthase* (*TPS1*) 遺伝子を発現させたタバコでも 0.17 mg/g fresh weight のトレハロースが蓄積して乾燥耐性が向上したが, 生育阻害が認められた.

なお, 一般の植物中ではトレハロースはトレハラーゼ (trehalase) によって分解されることが知られており, トレハロースを高蓄積する植物を作出するためにはトレハラーゼ活性を抑制することが必要である.

(4) プロリン (proline)

プロリンは, 水分ストレスを受けた植物で合成される代表的な適合溶質で, 他にも細胞膜やタンパク質の安定, フリーラジカルの消去, 細胞の酸化還元状態の緩衝作用などの機能を有する．また，プロモーターにプロリン応答エレメント（PRE: ACTCAT）をもつ塩応答性遺伝子の発現を誘導する（Satoh et al. 2002）．プロリンは，L-グルタミン酸から delta(1)-pyrroline-5-carboxylate synthetase（P5CS）と P5C reductase（P5CR）の働きで合成される（図6.6）．プロリン合成は，ABA を介したシグナル経路と ABA を介さない経路で制御されていると考えられているが，詳細な制御機構は不明である．イネ科の塩性植物の *Distichlis spicata* では200 mM NaCl 処理で230 mM ものプロリンが合成されることが報告されている（Katchum et al. 1991）．P5CS を過剰発現させたタバコは乾燥ストレスが向上することが報告されている（Yoshiba et al. 1997）．P5CS はプロリンによるフィードバク制御を受けており，フィードバック抑制が解除された改変 P5CS タンパク質の遺伝子を導入した組換えタバコでは，プロリンの蓄積量が高まり，200 mM NaCl に耐性を示した（Hong et al. 2000）．また，プロリンを分解する proline dehydrogenase のアンチセンス遺伝子を導入したシロイヌナズナでは，プロリンの蓄積量が高まり，凍結（-7℃）や塩（600 mM NaCl）に対する耐性が向上した（Nanjo et al. 2003）．しかし，これらの組換え体のプロリン含量は，非組換え体の数倍程度であり，ストレス耐性の低い野生植物のプロリン含量よりも低い場合が多く，プロリンの蓄積がストレス耐性に与える影響は不明な点も多い．

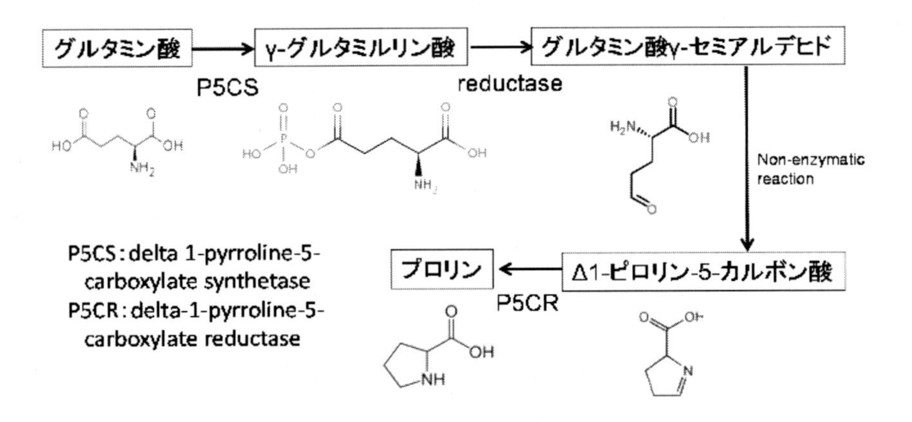

図6.6　プロリンの生合成経路

6-3-4. マングローブ遺伝子の利用

海水でも生育可能なマングローブがもつ耐塩性機構を解明して，耐塩性の分子育種に利用するための研究が世界的に行われている．

Yamada et al (2002)は，マングローブの一種であるロッカクヒルギ（*Bruguiera sexangula*）の cDNA を網羅的に大腸菌で発現させて耐塩性が向上したクローンを選抜したところ，allene oxide cyclase (AOC)をコードする cDNA が導入されていた．この AOC はマングリン（mangrin）と名付けられた．この遺伝子を導入した酵母とタバコは耐塩性が向上した．マングリンの 70 個のアミノ酸から成る配列が耐塩性に必須であることが示されている．

Yamanaka et al. (2009) も，耐塩性に関与する遺伝子は塩応答性を示すであろうという仮説に基づいて，マングローブの一種であるオヒルギ（*Bruguiera gymnorhiz*）のマイクロアレイ解析によって塩応答性遺伝子の選抜を行った．それらをシロイヌナズナに導入したところ，*ankyrin repeat protein* 遺伝子を導入したシロイヌナズナは，150,mMの NaCl を含む培地で野生型に比べて有意に高い生長量を示した（図 6.7）．この組換え体では野生型と比較して塩処理後でも Ca^{2+}イオン濃度が高く維持されており，ストレスに応答して発現する RD22 や RD29A 遺伝子の発現も低かった．また，*zinc finger 型転写因子*遺伝子と *lipid transfer protein* 遺伝子を導入したシロイヌナズナも野生型に比べて良好な生育を示した．

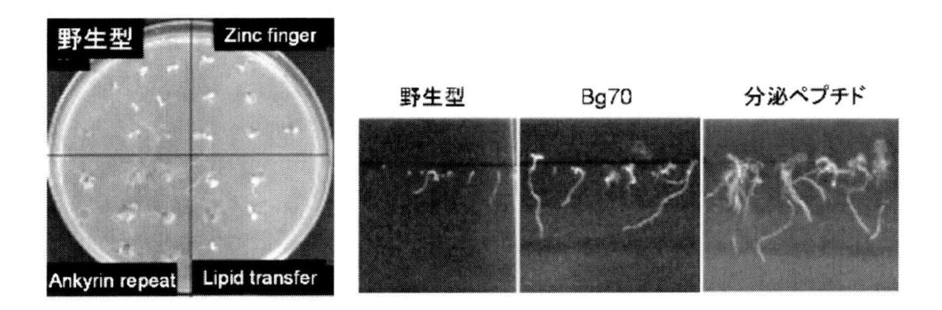

図 6.7　オヒルギの *ankyrin repeat protein* 遺伝子を導入したシロイヌナズナの耐塩性（150mM NaCl 培地における生育）

6-4. その他のストレス耐性機構

6-4-1. 各種ストレス耐性の共通性

植物の耐乾性, 耐塩性, 耐冷性は独立した仕組みではなく, 複雑に相互作用している. 従って, 各ストレス耐性のシグナル伝達の上流の遺伝子の発現を制御することで複数のストレスに対する耐性が得られる場合もある. また, 乾燥条件では植物の根からの吸水が阻害されるが, 高濃度の塩ストレスの場合も外液の浸透圧が高いことによる根の吸水障害という側面を持つことから, 耐塩性と耐乾性には共通した機構も存在する. 特に, 各種ストレスを受けた植物細胞では活性酸素が生成される. この活性酸素は適切な場所で適切な量が産生されれば, ストレス耐性のシグナル伝達経路の開始シグナルとしてストレス耐性を向上させる遺伝子群の発現を誘導するが, 多量に産生された場合は細胞のアポトーシスを引き起こす. 活性酸素のこのような二面性に関与する時間的空間的な生成制御と作用機構についてはまだまだ不明な点が多い.

6-4-2. 活性酸素の消去

カタラーゼやMn-SOD, APX は, 強光や塩などの各種ストレスで産生される活性酸素の消去に関与しており (図 6.8), これらの活性酸素の消去に関する酵素活性を高めた組換え体では各種ストレス耐性が向上することが報告されている.

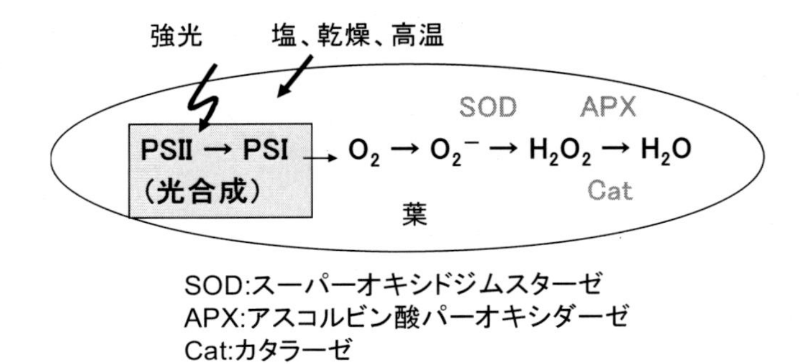

図6.8　活性酸素の生成と消去

強光条件では光合成で利用しきれない余分なエネルギーによって葉緑体で活性酸素が生成され，細胞にダメージを与える．葉緑体に大腸菌カタラーゼを導入したタバコでは，乾燥条件で強光を照射した場合に生じる活性酸素に対して耐性を示し，野生型のタバコの葉が枯死したにもかかわらず，組換え体では光合成能が維持された（Shikanai et al. 1988）．

6-4-3. ポリアミン

ポリアミン(plyamine)は，第一級アミノ基を2個以上もつ直鎖状脂肪族炭化水素の総称で，動植物や微生物に存在する．ポリアミンは，生物の生長や発育に不可欠な物質で，植物では細胞分裂，生長，形態形成，老化，生殖など様々な過程で重要な役割を果たしている．ポリアミンのなかでもプトレシン(putrescine)，スペルミジン(spermidine)，スペルミン(spermine)は様々な環境ストレスを受けた植物中に蓄積し，防御反応にも関与していることが報告されている．ポリアミンによるストレス耐性機構はよく分かっていないが，細胞内ではポリカチオンとして存在するため，核酸，タンパク，細胞膜，細胞壁などと結合し，それらの機能性や安定性を高める機能があると考えられている．

ポリアミンの生合成に関するチョウセンアサガオの *arginine decarboxylase*（*adc*）遺伝子を過剰発現させたイネは乾燥ストレス下でプトレシン蓄積量が増大し（組換え体の 573.92 ± 28 nmol /g FW に対して WT は 471.15 ± 36 nmol /g FW），その結果としてスペルミジンとスペルミン生産を促進し，耐乾性が向上した（Capell et al. 2004）．

また，*Cucurbita ficifolia* というカボチャのスペルミジン合成酵素遺伝子（*FSPD1*）を導入したシロイヌナズナでは，低温・パラコート・塩・乾燥抵抗性が向上した（Kasukabe et al. 2004）．

第6章の演習問題

(1) 植物細胞において Na^+ イオンを隔離する仕組みについて説明しなさい．

(2) 適合溶質の種類と機能について説明しなさい．

(3) 環境ストレスとはどのようなものか．

(4) 環境ストレスと活性酸素の関連について説明しなさい.

第6章の参照文献

Xu D, Duan X, Wang B, Hong B, Ho T-HD, Wu R (1996) Expression of a *late embryogenesis abundant protein* gene, *HVA1*, from barley confers tolerance to water deficit and salt stress in transgenic rice. Plant Physiol 110:249-257

Taji T, Ohsumi C, Iuchi S, Seki M, Kasuga M, Kobayashi M, Yamaguchi-Shinozaki K, Shinozaki K (2002) Important roles of drought- and cold-inducible genes for galactinol synthase in stress tolerance in Arabidopsis thaliana. Plant J. 29:417-426

Liu Q, Kasuga M, Sakuma Y, Abe H, Miura S, Yamaguchi-Shinozaki K, Shinozaki K (1998) Two transcription factors, DREB1 and DREB2, with an EREBP/AP2 DNA binding domain separate two cellular signal transduction pathways in drought- and low-temperature-responsive gene expression, respectively, in Arabidopsis. Plant Cell 10: 1391-1406

Sakuma Y, Maruyama K, Qin F, Osakabe Y, Shinozaki K, Yamaguchi-Shinozaki K (2006) Dual function of an Arabidopsis transcription factor DREB2A in water-stress-responsive and heat-stress-responsive gene expression. Proc Natl Acad Sci USA 103: 18822-18827

Hu H, Dai M, Yao J, Xiao B, Li X, Zhang Q, Xiong L (2006) Overexpressing a NAM, ATAF, and CUC (NAC) transcription factor enhances drought resistance and salt tolerance in rice. Proc Natl Acad Sci USA 103: 12987-12992

Zhang HX, Blumwald E (2001) Transgenic salt-tolerant tomato plants accumulate salt in foliage but not in fruit. Nat Biotechnol 19: 765-768.

Shi H, Lee BH, Wu SJ, Zhu JK (2003) Overexpression of a plasma membrane Na^+/H^+ antiporter gene improves salt tolerance in Arabidopsis thaliana. Nat Biotechnol 21: 81-85.

Kishitani S, Takanami T, Suzuki M, Oikawa M, Yokoi S, Ishitani M, Alvarez-Nakase AM, Takabe T, Takabe T (2006) Compatibility of glycinebetaine in rice plants: evaluation using transgenic rice plants with a gene for peroxisomal betaine aldehyde dehydrogenase from barley. Plant Cell Environ 23: 107-114

Yamada A, Saitoh T, Mimura T, Ozeki Y (2002) Expression of mangrove allene oxide cyclase enhances salt tolerance in Escherichia coli, yeast, and tobacco cells. Plant Cell Physiol 43: 903-910

Yamanaka T, Miyama M, Tada Y (2009) Transcriptome profiling of the mangrove plant Bruguiera Gymnorhiza and identification of salt tolerance genes by Agrobacterium functional screening. Biosci Biotechnol Biochem 73 : 304-310

Shirasawa K, Takabe T, Kishitani S. (2006) Accumulation of glycinebetaine in rice plants that overexpress choline monooxygenase from spinach and evaluation of their tolerance to abiotic stress. Ann Bot 98: 565-571

Hayashi H, Alia, Mustardy L, Deshnium P, Ida M, Murata N (1997) Plant J 12: 133-142

Waditee R, Bhuiyan MN, Rai V, Aoki K, Tanaka Y, Hibino T, Suzuki S, Takano J, Jagendorf AT, Takabe T, Takabe T (2005) Genes for direct methylation of glycine provide high levels of glycinebetaine and abiotic-stress tolerance in Synechococcus and Arabidopsis. Proc Natl Acad Sci USA 102: 1318-1323

Tarczynski MC, Jensen RG, Bohnert HJ (1993) Stress protection of transgenic tobacco by production of the osmolyte mannitol. Science. 259: 508-510

Garg AK, Kim JK, Owens TG, Ranwala AP, Choi YD, Kochian LV, Wu RJ (2002) Trehalose accumulation in rice plants confers high tolerance levels to different abiotic stresses. Proc Natl Acad Sci USA 99:15898-15903

Satoh R, Nakashima K, Seki M, Shinozaki K, Yamaguchi-Shinozaki K (2002) ACTCAT, a novel cis-acting element for proline- and hypoosmolarity-responsive expression of the ProDH gene encoding proline dehydrogenase in Arabidopsis Plant Physiol 130: 709-719

Ketchum REB, Warren RC, Klima LJ, Lopez-Gutierrez F, Nabors MW (1991) The mechanism and regulation of proline accumulation in suspension cultures of the halophytic grass *Distichlis spicata* L. J Plant Physiol 137: 368-374

Hong Z, Lakkineni K, Zhang Z, Verma DPS (2000) Removal of feedback inhibition of 1-pyrroline-5-carboxylate synthetase results in increased proline accumulation and protection of plants from osmotic stress. Plant Physiol 122: 1129-1136

Nanjo T, Fujita M, Seki M, Kato T, Tabata S, Shinozaki K (2003) Toxicity of free proline revealed in an Arabidopsis T-DNA-tagged mutant deficient in proline dehydrogenase. Plant Cell Physiol 44: 541-548

Yoshiba Y, Kiyosue T, Nakashima K, Yamaguchi-Shinozaki K, Shinozaki (1997) Regulation of levels of proline as an osmolyte in plants under water stress. Plant Cell Physiol 38:1095-1102

Shikanai T, Takeda T, Yamauchi H, Sano S, Tomizawa KI, Yokota A, Shigeoka S (1988) Inhibition of ascorbate peroxidase under oxidative stress in tobacco having bacterial catalase in chloroplasts. FEBS Lett 428: 47-51

Capell T, Bassie L, Christou P (2004) Modulation of the polyamine biosynthetic pathway in transgenic rice confers tolerance to drought stress. Proc Natl Acad Sci USA 101: 9909-9914

Kasukabe Y, He L, Nada K, Misawa S, Ihara I, Tachibana S (2004) Overexpression of spermidine synthase enhances tolerance to multiple environmental stresses and up-regulates the expression of various stress-regulated genes in transgenic Arabidopsis thaliana. Plant Cell Physiol 45: 712-722

第7章　生物的ストレス（biotic stress）耐性

7-1. ウイルス耐性

植物の病気の中でもウイルス病は農業生産に著しいダメージをもたらす要因の一つである．さらに防除の面でもウイルス病は非常に厄介であり，有効な農薬がないため，ウイルス病にかかった場合の対応としては焼却処分が一般的である．ウイルス病対策として用いられる農薬は，ウイルスをターゲットとするものではなく，ウイルスを媒介する昆虫などを抑制するためのものである．しかし，遺伝子組換え技術を利用することでウイルスに耐性のある植物を開発することが可能になり，いくつかのウイルス耐性作物が実用化されている．その中で有名な例はハワイにおけるウイルス耐性パパイヤの実用化である．

ウイルスは細胞膜ではなくコートタンパク質（CP）というタンパク質で外界と仕切られており，植物ウイルスの場合は多くがその中にRNAをゲノムとしてもっている．1986年にPowell Abelらはタバコモザイク病トバモウイルスのCP遺伝子を導入してCPを発現させた植物は，このウイルスの増殖が見られないことを報告した．この現象は弱毒ウイルスを接種した場合に病原性のウイルスに耐性になるウイルス干渉という現象と同様の原理で起こると考えられている．この仕組みはヒトをはじめとする動物のワクチンと似ているが，植物には動物と同じような免疫機構はない．このウイルス耐性の原理として，ウイルスが感染する前に植物中に同種のCPが存在すると，感染したウイルス粒子のCPからゲノムであるRNAが脱皮できず，RNAの複製ができないことが増殖抑制の原因と考えられていた．しかし，後にCPが翻訳される前のRNA転写段階で抑制が起きていることから，今ではRNA干渉の一種であると考えられている（図7.1）．CPの発現によるウイルスの増殖抑制は，少なくとも他の50種のウイルスにも効果的であることが報告されている．

ハワイのリングスポットウイルス（PRSV）耐性パパイヤはCP発現によるウイルス耐性植物の実用化例として有名である．パパイヤはハワイの重要な農産物であるが，アブラムシが媒介するリングスポットウイルスによって，一時は壊滅的な被害を受けた．そのとき，従来の交配を活用した育種法で病気に強い品種を開発する試みも行われたがうまくいかなかった．そこで，コーネル大学のデニス・ゴンザルベス博士らはCP遺伝子を導入して，ウイルス耐性パパイヤ

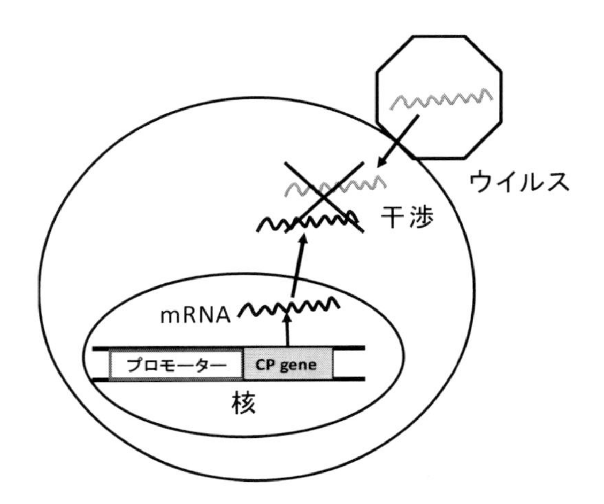

図 7.1　コートタンパク質（CP）の発現によるウイルスの増殖抑制

を開発した．この組換えパパイヤは，リングスポットウイルスに強く，これを栽培することでハワイのパパイヤ産業は復活することができた．ハワイにおけるパパイヤの栽培面積中の組換えパパイヤの割合は，2005 年には 61％となり，2012 年には約 85％に拡大した．組換えパパイヤの名前は「Rainbow」といい，ハワイでパパイヤを食べる場合には高い確率でこの組換えパパイヤを食べていることになるが，特に反対運動などによる問題は起きていない．その理由は，ハワイではこのウイルスの被害が余りに大きく，ウイルス耐性の組換えパパイヤが誕生した時には生産者に歓迎されて栽培がはじまったことが挙げられる．反対する環境保護団体がないわけではないが，生産者としては組換えパパイヤなしには経営が成り立たない，すなわちハワイでパパイヤが生産できないことになるからである．このパパイヤは日本でも販売の認可（食品としての安全性試験と環境への影響を調べる安全性試験の実施結果で判定）を受けて輸入されている．

また，その後，CP 遺伝子以外のウイルス遺伝子（レプリカーゼなど）を植物に発現させた場合もウイルス耐性を付与できることが明らかになった．このようなウイルス耐性は，3-9-2 のコサプレッションと同じ転写後ジーンサイレンシング（PTGS）による遺伝子の発現抑制である．このように，ウイルス耐性植物の開発には，遺伝子組換え技術の利用が効果的かつ実用的である．

しかし，これらのウイルス遺伝子を発現させた組換え植物は，ウイルス耐性を獲得する一方で，植物中のウイルス遺伝子と天然のウイルスの遺伝子が組換えを起こして新たな変異ウイルスを作り出す可能性が懸念された．しかし，新たな変異ウイルスは自然界でも必ず出現するものであり，OECD のレポートではウイルス抵抗性植物の利用によってその出現頻度が高まるとは言えないとされている．

7-2. 植物免疫

動物の免疫には，病原体を認識してそれらを攻撃する抗体を産生する獲得免疫と病原体に共通の構造パターンを認識してマクロファージやナチュラルキラー細胞が病原体を攻撃する自然免疫がある．獲得免疫が機能するまでには数週間必要だが，自然免疫は比較的すぐに発揮されるため，初期応答として重要である．植物には動物と同様の抗原抗体反応にもとづく防御応答免は存在しないが，自然免疫の病原体認識機構と類似した仕組み（これを植物免疫とよぶ）は持っている．

動物の自然免疫は，宿主である動物細胞の細胞膜に存在する受容体が，病原体の特定の構成成分である病原微生物関連分子パターン（pathogen-associated molecular pattern：PAMP）を検出することにより誘導される1）（図 7.2）．代表的な PAMP として細菌のべん毛タンパク質やリポ多糖などが知られている．動物細胞の PAMP の受容体はパターン認識受容体（pattern recognition receptor：PRR）とよばれている．同様に，植物細胞もパターン認識受容体 PRR をもち，PAMP を認識して防御応答である植物免疫を誘導することができる．例えば，シロイヌナズナの PRR の一つである FLS2 という受容体は，細菌のべん毛由来のペプチド flg22 を認識することができる．FLS2 は細胞外にロイシンリッチリピートを，細胞内にタンパク質キナーゼドメインをもつ膜タンパク質であり，Flg22 は細菌のべん毛タンパク質の N 末端領域に高度に保存されている 22 個のアミノ酸残基である．次に FLS2 はロイシンリッチリピートをもつ受容体型キナーゼである BAK1 と相互作用して，相互にリン酸化され活性化状態になり，さらに別のタンパク質をリン酸化することでシグナルを下流に伝え，最終的に免疫応答が起きる．植物に免疫応答を誘導する他の代表的な PAMP としては真菌の細胞壁成分であるキチンがあり，イネでは OsCERK1 と CEBiP が PRR として知られている．このように植物はパターン認識受容体 PRR により病原体の感染を認識し，さまざまな免疫応答を誘導して病原微生物の増殖を阻止している．

一方で，病原体側も植物の免疫応答への対抗手段として，エフェクターとよばれるタンパク質を宿主の細胞内に分泌することで免疫応答を抑制している（図 7.2）．病原体の種類によりエフェクターの分泌の様式が異なっている．エフェクターはPRR を直接に抑制する場合と下流のシグナル因子を抑制するがある．

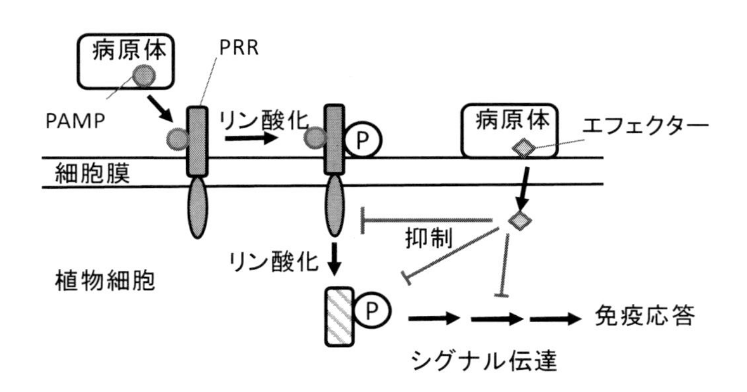

図 7.2　植物免疫の仕組み
PAMP：病原微生物関連分子パターン（pathogen-associated molecular pattern），PRR：パターン認識受容体（pattern recognition receptor）

7-3. 耐病性遺伝子

植物は特定の病原性ウイルス，細菌，菌類，線虫（ネマトーダ）に対する抵抗性遺伝子（*R* gene）をもっており，抵抗性遺伝子由来のタンパク質（R-gene product）は，細胞内の PRR として機能している．*R* gene（*PRR* gene）をもっている植物が，病原生物の出すその *R* gene に対応するエフェクター（*Avr* gene 産物）を感知すると抵抗性機構が働く（図 7.3）．このような *R* gene と *Avr* gene の対応による抵抗性の発揮機構を gene-for-gene theory（遺伝子対遺伝子説）という．具体的には，植物細胞が *R* gene の産物によって *Avr* gene 産物を認識すると，過敏感反応（hyper sensitive response：HR）によってプログラム細胞死（programmed cell deth：PCD）を起こして，いわば病原菌を道連れに自殺することで感染を食い止める．さらに，植物は抗菌物質や病原菌の分解酵素（キチナーゼやグルカナーゼ）の産生，細胞壁の強化などを行うこと

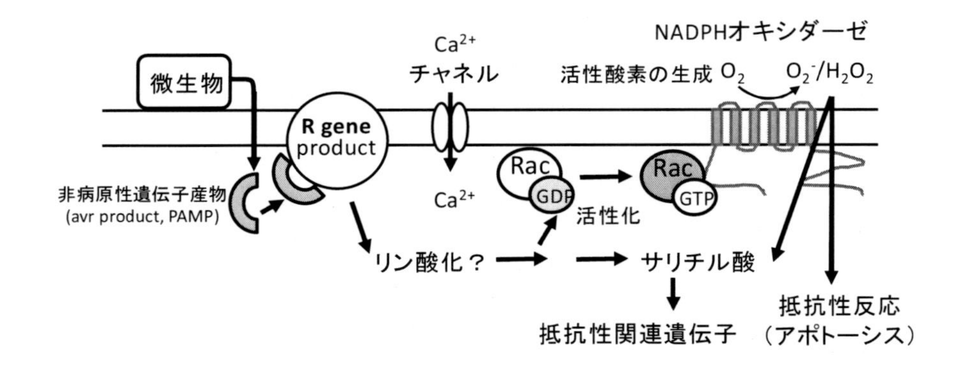

図7.3　抵抗性遺伝子（*R* gene）による抵抗性機構
抵抗性遺伝子（*R*gene）の産物は微生物の非病原性遺伝子産物を認識して，最終的にアポトーシスを引き起こして感染の拡大を防ぐ．

で病原菌に対抗する．HRによるPCDは活性酸素種の生成，Ca^{2+}シグナルの流入，タンパク質のリン酸化，サリチル酸（双子葉植物の場合）などが関係していることがわかっている．

*R*gene産物はいくつかの型に分けられるが，多くはロイシンリッチリピート（leucine-rich repeat：LRR）とヌクレオチド結合部位（nucleotide binding site：NBS）をもっていて，LRRで*Avr* gene産物を認識すると考えられている．次に*Avr* gene産物を認識した*R* gene産物からのシグナルが細胞膜のNADPHオキシダーゼに伝わり，活性酸素（過酸化水素）が産生され，これが新たなシグナルとなってPCDなどの抵抗性反応を引き起こす（図7.3）．イネでは*R*gene産物から派生したシグナルを受け取った低分子量Gタンパク質(OsRac1)が，NADPHオキシダーゼと直接相互作用し，その酵素活性を調節して活性酸素の生成量をコントロールしていることがわかっている．病原菌が突然変異を起こして*Avr*gene産物の構造が変わってしまうと*R*gene産物は変異型の病原菌を認識できなくなり，抵抗性反応が起こせなくなる．植物ゲノムには数百種の*R*gene様の遺伝子が存在し，これらは多様な病原菌に対応する*R*geneを開発するための「資源」と考えられる．

R gene を導入することで特定のレース（系統）の病原菌に対する抵抗性をもたせることができるが，*R* gene は病原菌の突然変異によって容易に崩壊することが知られており，開発費のかかる遺伝子組換えで導入するメリットは大きくないと考えられている．

7-4. 獲得抵抗性

植物は病原菌による攻撃を受けると，抗菌性タンパクなどを生産して，ある程度の抵抗性を発揮することができる．また，一度病原菌に感染したものの，病原菌の拡散を防ぐことができた植物は，同種，または異種の病原菌が次に感染しようとしたときに抵抗性を発揮することができる．このような現象を全身獲得抵抗性（Systemic Acquired Resistance: SAR）という．このとき，最初の感染が植物体の一部分で起きた場合でも，感染していない部分を含めた全身にシグナルが伝わって全身で抵抗性が発揮される．この現象は動物の免疫と似ているため，植物免疫ともいわれるが，その仕組みはまったく異なっている．SAR では，感染部位からサリチル酸（SA）やジャスモン酸などのシグナルが全身に送られることで抵抗性が誘導されるため，少なくとも図 7.3 の抵抗性機構のうち，サリチル酸以下のシグナル経路が活性化されていると考えられる．

特に双子葉植物では，SA シグナル伝達経路が SAR に重要な役割を果たしている．この病害応答シグナル伝達機構では，病原菌の感染後によって，内生 SA レベルが上昇する．シロイヌナズナでは転写因子の NPR1（nonexpressor of PR genes）がシグナル伝達において中心的な役割を果たしている（Cao et al. 1994）．SA シグナルが伝達されると，NPR1 タンパク質が核内に移行して様々な PR（pathogenesis related）タンパク質が発現して抵抗性が発揮される．単子葉植物のイネは，もともと植物体内の SA レベルが高く，SAR において双子葉植物ほど明確な SA の役割は認められない．

双子葉植物では病原菌が感染するとフェニルアラニンからフェニルアラニンアンモニアリアーゼ（Phenylalanine ammonia lyase: PAL）などの酵素によって SA が合成され，抗菌性タンパク遺伝子の発現が活性化される．病原菌の感染の代わりに適当な濃度の SA を噴霧しても，植物は抵抗性が誘導される．また，SA を分解する酵素遺伝子（nahG）を導入したタバコでは，SA が分解されるため抵抗性の誘導が抑制される（Friedrich et al. 1995）．

このような SAR のシグナル経路の遺伝子の発現を強化した組換え植物は耐病性が向上することが報告されている．また，この経路の遺伝子発現を活性化する化合物は非殺菌性の殺菌剤（植物活性化剤: Plant activator）として利用価値が高い．例えば，イネのいもち病防除剤のプロベナゾール（probenazole：3-allyloxy-1, 2-benzisothiazole-1, 1-dioxide，商品名：オリゼメート，明治製菓），INA（2, 6-dichloroisonicotinic acid，チバガイギー，現・シンジェンタ社），BTH（benzo（1, 2, 3）thiadiazole-7-carbothioic acid（S)-methyl ester）などが代表的な植物活性化剤である. これらの化合物は殺菌剤という分類の農薬として販売されるが, 実際には殺菌作用はなく, 植物の耐病性を向上させるだけなので環境に優しい農薬として認識されている. SAR 経路に関与する遺伝子は, まだすべてが解明されたわけではないため, 今後の研究の進展と耐病性植物の開発への応用, および新たな作用機序をもつ植物活性化剤の開発が期待される.

7-5. 耐虫性

7-5-1. プロテアーゼインヒビター

耐虫性植物については「4-4. 耐虫性作物」で述べたように, Bt タンパクを発現する組換え作物が多数実用化されている. 他にも害虫に消化不良を起こさせるプロテアーゼインヒビター/プロテイネースインヒビター（タンパク質分解酵素阻害物質）遺伝子の導入が耐虫性に効果があることが報告されている. 各種マメ科の植物やジャガイモなどの植物は, もともと耐虫性物質としてトリプシンインヒビターやキモトリプシンインヒビターなどの昆虫の消化酵素を阻害する物質を生産している. これは植物が進化の過程で害虫による食害を防止するために獲得した形質と考えられる.

ジャガイモのプロテアーゼインヒビター遺伝子（*PINII*）をそれ自身のプロモーターにつないで導入した組換えイネは, この阻害タンパク質を蓄積し, ピンクステムボーラー（ステムボーラーは日本語ではメイチュウ（図4.4）といってガの幼虫で, 茎の中を食い荒らして植物を枯死させる）に対して抵抗性を示した（Duan et al. 1996）. 同様に, イネのシステインプロテアーゼインヒビター遺伝子を導入したタバコやアミラーゼインヒビター遺伝子を導入したエンドウなどでも耐虫性が確認されている. これらのタンパク質はヒトが食糧として利用してきた歴史があり, 熱処理によってヒトには有害ではなくなるため, 組換え植物のなかでは一般市民に受け入れられやすいと考えられる. しかし, 害虫に対する効果や殺虫スペクトル（対象となる虫の範囲）の点で Bt タンパクに劣る.

7-5-2. ケミカルコミュニケーション

植物は害虫による食害を受けると，揮発性の化学物質（炭素数６個のアルコール，アルデヒド，テルペン類など）を放出して，その害虫の天敵を誘引する機能がある．この現象は誘導的間接防衛戦略と呼ばれる．例えば，キャベツはコナガの幼虫に食害されると，揮発性の化学物質を放出して天敵の寄生バチを誘引してコナガに寄生するように仕向ける．また，植物はある個体が食害にあうと揮発性シグナルを放出して，その周りにある無傷の個体がこのシグナルを感知して食害の防衛に関係する遺伝子を活性化させる（Arimura et al. 2000）．このように，植物は化学物質の放出を通して植物間や昆虫との間で「ケミカルコミュニケーション」を行って身を守る仕組みを発達させている（図7.4）．このような害虫被害植物が放出する揮発性物質の生産遺伝子を遺伝子組換えで強化したり，揮発性物質によって発現誘導される遺伝子を強化することによって耐虫性が向上する可能性が考えられる．

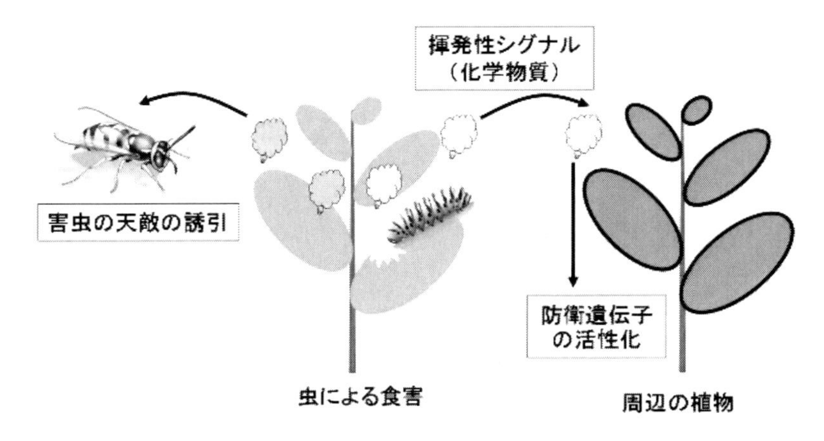

図7.4　植物のケミカルコミュニケーション

第７章の演習問題

(1) *R* 遺伝子産物が病原生物の出すシグナル物質を認識して，耐病性機構が発現する仕組みについて説明しなさい.

(2) 獲得抵抗性について説明しなさい. また, 遺伝子組換えで常に獲得抵抗性を発現している状態の植物を作製するにはどうすればよいか.

第7章の参照文献

環境理事会経済協力および開発機構 (1996) バイオテクノロジーにおける規制監視の調和に関するOECDシリーズ No.5「コートタンパク質遺伝子が介在する保護によるウィルス耐性作物のバイオセイフティに関する一般情報についてのコンセンサス文書」

川崎 努 (2013) 植物における免疫誘導と病原微生物の感染戦略領域融合レビュー, 2, e008, DOI: 10.7875/leading.author.2.e008

Cao H, Bowling SA, Gordon AS, Dong X (1994) Characterization of an Arabidopsis Mutant That Is Nonresponsive to Inducers of Systemic Acquired Resistance. Plant Cell 6: 1583-1592

Friedrich L, Vernooij B, Gaffney T, Morse A, Ryals J (1995) Characterization of tobacco plants expressing a bacterial salicylate hydroxylase gene. Plant Mol Biol. 29: 959-968

Duan X, Li X, Xue Q, Abo-el-Saad M, Xu D, Wu R (1996) Transgenic rice plants harboring an introduced potato proteinase inhibitor II gene are insect resistant. Nat Biotechnol 14: 494-498

Arimura G, Ozawa R, Shimoda T, Nishioka T, Boland W, Takabayashi J (2000) Herbivory-induced volatiles elicit defence genes in lima bean leaves. Nature 6795: 512-515

第8章　花の色を変える

8-1. 花の色素

多くの花の色素はフラボノイドで，フラボノイドに属するアントシアニンは最も多くの花に含まれる色素である．アントシアニンは液胞に蓄えられ，液胞の pH によって色が変化し，酸性では赤，中性では紫，アルカリ性では青に変わる．ちなみに，多く植物の液胞は酸性から弱酸性である．pH 以外にもアントシアニンの配糖体の構造，フラボンなどの補助色素，アルミニウムやマグネシウムなどの金属が発色に関係している．黄色花弁に含まれる色素組成は様々で，フラボノイドではなくカロテノイドやベタレインの色素を含むものもある．キク，バラ，ユリ，スイセン，パンジー，ランなどの黄花はカロテノイドによる．

アントシアニンはアントシアニジンという基本骨格にグルコースなどの糖が結合している．アントシアニジンは水酸基の数によって三種(シアニジン，ペラルゴニジン，デルフィニジン)に分類され，水酸基が多いほど青みが強くなる（図 8.1）．青色は多くの場合，水酸基が最も多いデルフィニジン（Delphinidin）が蓄積して発色する．次に水酸基が多いシアニジン（Cyanidin）は赤色，最も少ないペラルゴニジン(Pelargonidin)は黄色に発色する．アントシアニンは図に示す生合成経路で合成される．バラやカーネーションではフラボノイド 3’，5’－ヒドロキシラーゼ（flavonoid 3’，5’-hydroxylase：F3’，5’ H）がないため青色デルフィニジンは合成できない．おそらく，進化過程でこれらの遺伝子を失ったと考えられる．

8-2. 青いバラ

バラやカーネーションには青色色素(デルフィニジン)を作るのに必要な遺伝子(*F3’，5’ H*)がないため本来は青い花はできない．ある出版社の辞書で青いバラ（blue rose）を引くと「不可能」という意味が出ているのはそのためである．ただし，育種家の努力により，青っぽい色をしたバラは交配育種で育成されている．しかし，これらのバラの花弁の色素を分析しても青色色素であるデルフィニジンは検出できず，赤色色素のシアニジンとフラボノールである．

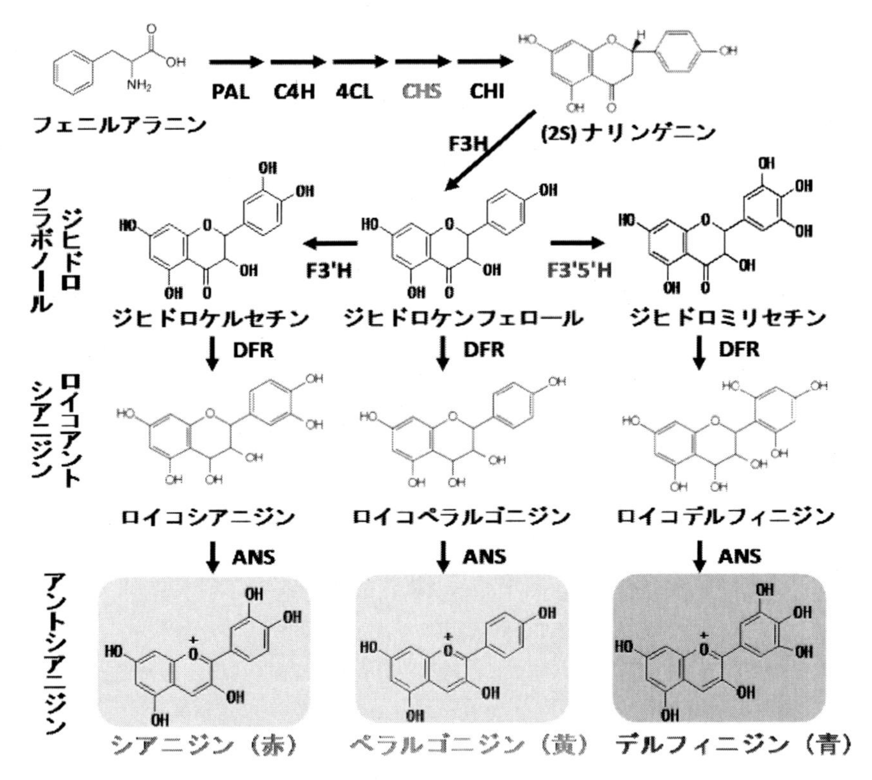

図8.1　フラボノイドの生合成経路
PAL:フェニルアラニンアンモニアリアーゼ, C4H::桂皮酸 4- ヒドロキシラーゼ, 4CL:4-クマル酸:CoA リガーゼ, CHS:カルコン合成酵素, CHI:カルコンイソメラーゼ, F3H:フラバノン 3-ヒドロキシラーゼ, F3 'H:フラボノイド 3'-ヒドロキシラーゼ, F3 '5' H:フラボノイド 3 ',5'-ヒドロキシラーゼ, DFR:ジヒドロフラボノール 4- レダクターゼ, ANS : アントシアニジン合成酵素

従って，これらのバラは単に見た目が青っぽいだけである．そこで，遺伝子組換え技術によって真の青いバラを作出する研究がサントリー（株）で行われた．彼らは他の植物から青色色素を作る遺伝子を取り出してカーネーションやバラに導入した．フラボノイドは，骨格に結合している水酸基の数によって色合いが決まる．水酸基が一つのペラルゴニジン，二つのシアニジンは赤系なのに対して，三つのデルフィニジンは青色に発色する（図 8.1）．バラにはデルフィニジンの生合成に必須の水酸化酵素（フラボノイド 3',5'-ヒドロキシラーゼ:F3',5' H）がないために青色色素が合成できない．また，同じF3',5' H酵素であっても，植物種によっ

て性質が少しずつ異なっている．サントリーでは，様々な植物の *F3'，5'H* 遺伝子を試して，最終的にはビオラという植物の *F3'，5'H* 遺伝子（図 8.1）を利用して青いバラの作出に成功した．この青いバラは花弁に含まれる色素の 99%以上が青色色素のデルフィニジンであった．しかし，作出された青いバラの花は見た目には青というよりも紫がかって見える．その原因の一つとしてはバラの花弁の pH が酸性であることが挙げられる．デルフィニジンは酸性では赤く発色し，アルカリ性では青く発色する．また，細胞中に存在する微量金属の濃度の影響も考えられる．例えば，アジサイの赤色と青色の発色の違いはアルミニウムが関係していることが知られており，チューリップの青色と紫色の発色の違いには鉄イオンが関係していることが報告されている．このように，花色の制御は単純に色素成分によって支配されているのではなく，様々な要因が関係しているため，望み通りの色を出すことは容易ではない．しかし，逆に考えると同じ遺伝子を利用しても元の植物の形質によって様々な色調の花を作出できる可能性があることになる．

自然界では青色の花がない植物はバラやカーネーション以外にも多数あるため，同様の方法で青色の花を咲かせる組換え植物がいくつかの植物種で作出されている．例えば，青いキク，ダリア，コチョウラン，ユリなどがである．

また，言うまでもなく青色だけでなく，他の花色についても各種色素の合成酵素遺伝子や抑制遺伝子の導入によって改変することが可能である．

8-3. 花色と模様の多様化

フラボノイド系の色素であるアントシアニンの生合成の初期のステップを触媒する酵素はカルコンシンターゼ（CHS）である（図 8.1）．従って，この遺伝子の発現を抑制した場合はアントシアニンが合成されず，花色は白くなるはずである．そこで，ペチュニアの *CHS* 遺伝子の発現をアンチセンス法（3-9-1. 参照）で抑制する研究が行われた（van der Krol et al. 1988）．恒常的にほぼすべての組織で発現するカリフラワーモザイクウイルスの 35S プロモーターにつないだ *CHS* のアンチセンス遺伝子を赤花のペチュニアに導入したところ，元の植物と同じ赤花の個体に加えて，完全な白花の個体や色が薄い個体，覆輪（花弁の周りだけ色がつく）の個体などが得られた．このような花弁中の色素分布の差は，アンチセンス遺伝子が導入された染色体上の位置に存在する他の遺伝子の転写調節配列の影響よって，アンチセンス遺伝子の発現量が異なる結果であると考えられた．逆に考えると，一つの遺伝子の導入によって様々な花色のパターンを示す個体が得られるということである．その後の報告では，一つの個体の中でも様々な着色パターンの花が混在して咲き，しかも，世代によってパターンが変化する場合もあった．そのため，アンチセンス技術で花色を変化させた場合は，形質の安定性では実用的に問題があるかもしれない．

また，紫色のペチュニアで色素の合成経路の遺伝子を過剰に発現させた場合にも，コサプレッション（3-9-2．参照）によって紫色の花の他に，白色の花や紫色と白色の部分が混在した様々な模様の花を咲かせる組換え植物が作出できた．

8-4．アサガオの花はなぜ変化に富むか

アサガオの花は一つの植物に様々な絞り模様の花が咲く．この現象には動く遺伝子であるトランスポゾン（3-10．タギング（tagging）・ノックアウト（knock out）ライン参照）が関係している．実は，アサガオの花の色素を合成する酵素の遺伝子の中にはトランスポゾンが入り込んで機能しなくなっている．そのため，そのままでは色素が合成されずに白色の花が咲く．しかし，花の形成の過程で花弁のどこかの細胞の中でこのトランスポゾンが動き出して（転移して）いなくなると，その細胞とその後にその細胞が分裂して形成される細胞では色素が合成されるようになる（図 8.2）．いったんトランスポゾンが転移していなくなった細胞は，そのあとも細胞分裂を繰り返して広がるため，花弁上に扇型のセクター状に着色した部分ができる．従って，扇型が大きいほど初期の段階でトランスポゾンがいなくなった（転移した）ということである．

アサガオのほかにも，ペチュニア，カーネーション，キンギョソウなどでもトランスポゾンによって花の模様が形成されている．おそらく，花色に模様をもっている植物の中には，トランスポゾンが原因となっているものが多数あると考えられる．アサガオの花の形の多様性もトランスポゾンが重要な役割を果たしている．斑（ふ）入り植物の場合も，葉でトランスポゾンが転移することが斑入りの原因となっているものがあると考えられる．

また，アサガオの花の液胞は弱酸性であるが，開花に伴ってアルカリ性に変化させる遺伝子が働くことで青色に変化することもわかっている．

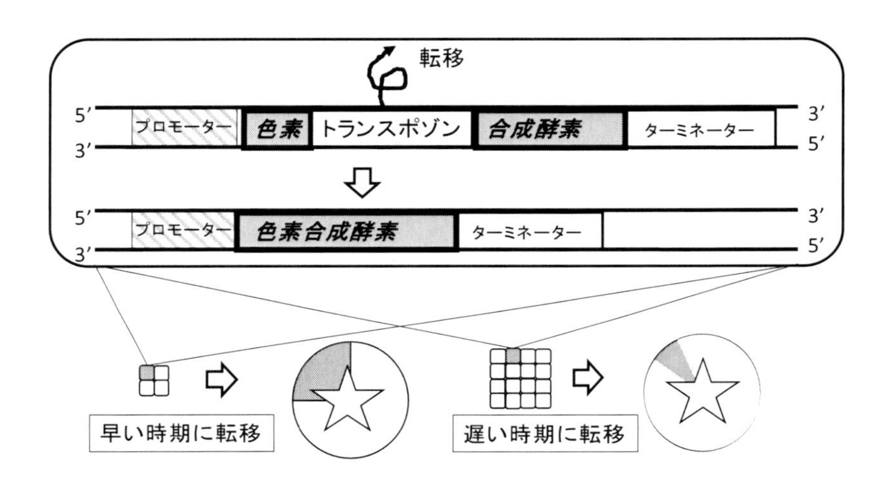

図8.2　トランスポゾンの転移によるアサガオの花色色素の合成
　アサガオの色素合成遺伝子に入り込んでいるトランスポゾンが花弁の細胞が分裂する過程で転移すると，それ以降に分裂する細胞では色素が合成される.

8-5. 蛍光タンパク質

　遺伝子組換え技術を利用すれば，天然の花色色素以外の色素を花弁で発現させて，新たな花色の植物を作出することも可能である. 特に，最近では下村脩・米ボストン大名誉教授が２００８年にノーベル化学賞を授与された研究成果であるオワンクラゲの緑色蛍光タンパク質（GFP: Green Fluorescent Protein）以外にも，サンゴ，イソギンチャク，海洋プランクトンや昆虫に由来する赤，ピンク，オレンジなどの様々な色の蛍光タンパク質の遺伝子が同定されており，将来はこれらを利用することで花色のバリエーションが広がると期待される. 実際に，海洋プランクトン *Chiridius poppei* の緑色蛍光タンパク質（CpYGFP）を利用して，翻訳増強配列であるシロイヌナズナの alcohol dehydrogenase 遺伝子の非翻訳領域と高発現ターミネーター（heat shock protein terminator）と組み合わせることで，光る花（Sasaki et al. 2014）が作出されている.
　ちなみに，花ではないが農業生物資源研究所と群馬県蚕糸技術センターは，カイコに GFP 遺伝子を組込んで，光る絹糸（シルク）を生産することに成功している. この組換えカイコは観賞用ではなく，光るシルクを生産することが目的であり，明治に日本の産業界をリードした養蚕業を活性化させる材料として期待されている．試作品としてこのシルクを使って光るドレスも作られている．2014 年には組換えカイコの第一種使用の許可も得ており，2015 年からは組換えカイコの飼育が，群馬県蚕糸技術センターで始まっている．

8-6. 紫色のカリフラワー

カリフラワーは我々にとっては食用となる野菜であるが，その可食部は花のつぼみ（花蕾）である．我々になじみのあるカリフラワーの花蕾は白いが，突然変異によって紫色の花蕾をもつカリフラワーが得られている．このカリフラワーにはアントシアニンが蓄積している．アントシアニンはヒトにとっても機能性成分であるが，植物にとっても様々なストレスに対する耐性に関与する重要な成分でもある．

Chiu et al. (2010)は，この変異型のカリフラワーにアントシアニンが蓄積する原因となる *Purple* (*Pr*)遺伝子をマッピングという方法によって同定した．この遺伝子は，R2R3 MYB 型の転写因子をコードしていた．突然変異体の紫色のカリフラワーでは，*Pr* 遺伝子が高発現しており，それによって他の basic helix-loop-helix 型転写因子とその下流のアントシアニン合成に関与する flavonoid 3'-hydroxylase, dihydroflavonol 4-reductase, leucoanthocyanidin dioxygenase の遺伝子が活性化され，アントシアニンが蓄積することがわかった．面白いことに，*Pr* 遺伝子のプロモーター領域にはトランスポゾン（Harbinger DNA transposon）が入り込んでおり，その配列が *Pr* 遺伝子を高発現させる因子であると考えられた．このことは，Harbinger DNA transposon のプロモーターへの挿入により遺伝子発現の活性化が可能であることを示しており，うまく利用できれば花色に限らず様々な形質の改変につながると考えられる．

第 8 章の演習問題

(1) 花弁の色が同心円状に七色に変化している植物を作出するために必要なプロモーターと

遺伝子の特性について考えなさい．また，それらを同定，クローニングする手法について考えなさい．

（2）開花後に花色が赤から青に変化する植物を作出するためにはどのような遺伝子操作が必要か．特に必要な遺伝子とプロモーターについて説明しなさい．

（3）液胞の pH を変化させるには，例えば液胞膜にどのような機構をもたせることが考えられるか．

第8章の参照文献

Katsumoto Y, Fukuchi-Mizutani M, Fukui Y, Brugliera F, Holton TA, Karan M, Nakamura N, Yonekura-Sakakibara K, Togami J, Pigeaire A, Tao GQ, Nehra NS, Lu CY, Dyson BK, Tsuda S, Ashikari T, Kusumi T, Mason JG, Tanaka Y. (2007) Engineering of the rose flavonoid biosynthetic pathway successfully generated blue-hued flowers accumulating delphinidin. Plant Cell Physiol. 48:1589-1600

Chiu L-W, Zhou X, Burke S, Wu X, Prior R L, Li L (2010) The Purple Cauliflower Arises from Activation of a MYB Transcription Factor. Plant Physiol. 154:1470-1480

Sasaki K, Kato K, Mishima H, Furuichi M, Waga I, Takane K,Yamaguchi H, Ohtsubo N. (2014) Generation of fluorescent flowers exhibiting strong fluorescence by combination of fluorescent protein from marine plankton and recent genetic tools in *Torenia fournieri Lind.* Plant Biotechnol. 31:309-318

第9章　成分を変える

2 章 (2-4. 培養細胞による物質生産) でも述べたように，植物は様々な有用物質を生産する．遺伝子組換え技術は，それらの有用物質をより大量に生産したり，逆に人間にとって都合の悪い物質を生産しないように改変する事が可能である．しかし，特に二次代謝産物の生合成の制御機構は未知の部分が多く，自由に代謝物を改変できる技術レベルには達していない．そのような代謝産物の制御は多数の制御因子が関与していることが予想される．今後は，3 章で述べたメタボロミクス解析をはじめとする各種-ome 解析の進展などによって，植物の代謝物の改変技術は今後急速に進むと期待され，それによって複雑に制御されている植物の代謝産物の生産量を任意に増減させることができるようになると期待される．この章では，涙の出ないタマネギ，辛くないトウガラシ，カフェインレスコーヒー，モチ性とウルチ性，高トリプトファンイネ，カンゾウの薬用成分の増大，褐変しにくいリンゴを例に，特定の代謝経路の酵素をコードする単一の遺伝子の発現制御によって達成された植物成分の改変例について解説する．また，成分を改変はこれらの例のように代謝経路を操作する以外にも，機能性のタンパク質の遺伝子を導入することでも可能である．例えば，ダイズの鉄結合タンパク質である ferritin の遺伝子をイネに導入して鉄含量の多いコメを作出した例 (Goto et al. 1999) や第 10 章で述べるスギ花粉症緩和米などがそれにあたる．

9-1. 涙の出ないタマネギ

タマネギを包丁で切ると，切り口から発生する揮発性の催涙成分によって涙が出ることはよく知られている．この催涙成分は，長らくその本体が不明であったが，タマネギ中の硫黄化合物である Prencso (S-1-プロペニル-システインスルホキシド：S-1-Propenylcysteine sulfoxide) が alliinase という酵素で分解されてできる 1-propenyl sulfenic acid から thiosulfinate とともに非酵素的に生成されると考えられていた．しかし，ハウス食品のグループは， 1-propenyl sulfenic acid から lachrymatory factor synthase (LFS) という酵素によって催涙性のpropanthial S-oxideという化合物が産生されることを発見した（Imai et al. 2002）（図9.1）．彼らはこの発見により2013年に「イグノーベル賞（Ig Nobel Prize）」を受賞している．ちなみに，イグノーベル賞はAnnals of Improbable Researchという雑誌の編集長が創設した賞で，”Ig”とは否定の接頭語である．受賞条件は「人々を笑わせ，そして考えさせてくれる研究」であり，風変わりではあるが正当な研究を行った研究者に賞賛の意味で贈られる場合もあるが，社会的事件などを起こした人に皮肉を込めて贈られる場合もある．この研究の場合はもちろん前者の意味での受賞であり，近年では「バナナの皮は本当に滑りやすいか」などのユニークな研究テーマに対して贈られることが多くなっている．

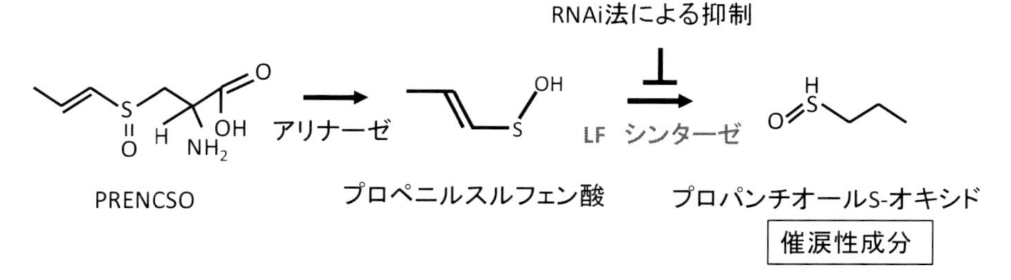

図9.1　タマネギにおける催涙性成分の生成とRNAi法による抑制
LF：lachrymatory factor

ハウス食品のグループは催涙の原因物質とその生成メカニズムを明らかにしただけではなく，催涙成分を遺伝子組み換えによって抑制する研究も行った．具体的には，RNA干渉法（3-9-3.を参照）を用いて*LFS*遺伝子の発現を抑制して催涙成分を産生しないタマネギを作出した（Eady et al. 2008）．この組換えタマネギでは催涙成分の産生を触媒するLFSという酵素が作られないため，催涙因子が生成されず，包丁で切っても涙は出ない．このタマネギが実用化されれば，タマネギの調理が苦手な人には朗報である．このように，植物中の好ましくない成分を低減することは，その生合成に関わる経路が複雑でない限り，特定の成分の含量を増やすことに比較して容易な場合が多い．

さらに，ハウス食品のグループは，遺伝子組換えではない突然変異育種によっても，催涙成分の生成が極端に少なく，調理時に涙が出ないタマネギを開発した（2015年3月30日ハウス食品プレスリリース）．具体的には，重イオンビームの照射によって*LFS*遺伝子に突然変異を引き起こすことで催涙成分がほとんどできないタマネギを作出した．このタマネギは「スマイルボール」という名称で2015年に商品化され，有名百貨店や通信販売によって販売されている．重イオンビームとは「原子からいくつかの電子がはぎ取られて，電気を帯びたものが「イオン」で，特にヘリウムより重い元素のイオンは「重イオン」と呼ばれます」（理化学研究所・仁科加速器研究センターHP より）．重イオンビームを細胞に照射すると，一部の DNA が欠失したり，DNA に生じた傷が修復されるときに起きる塩基の修復ミスによって塩基配列が変化することで突然変異が生じる．重イオンビームによる突然変異は，電子線やガンマ線などの放射線に比べて有用な突然変異が生じやすいことが経験的にわかっている．例えば，トレニアやカーネーション，サクラに重イオンビームを照射することでで，花色の濃淡やパターン，花びらの枚数や形，花そのものの数や開花の時期などさまざまな性質の変化が生じることが報告されており，植物の育種（品種改良）に利用されることが多くなっている．

9-2．辛くないトウガラシ

トウガラシに含まれるカプサイシノイド（capsaicinoids）の主要成分として，辛味成分として知られているカプサイシンが挙げられる．カプサイシンは辛いだけではなく，代謝の促進や抗癌，抗酸化作用などの様々な有益な効果も報告されている．一方で，辛みのない突然変異体である CH-19 というトウガラシ品種は，カプサイシノイドに類似したカプシノイド（capsinoids）のカプシエイトを産生する．カプシエイトの辛さはカプサイシンの 1/1000 であるが，カプシエイトも，代謝を促進し，体脂肪の蓄積を抑える機能や，抗癌，抗酸化作用などの効果を有することが報告されている．従って，辛くない成分であるカプシエイトを摂取することで，辛いカプサイシンを摂取するのと同様な効果が得られるため，辛みの苦手な人でも利用しやすい．

トウガラシでは，フェニルアラニンからいくつかの代謝物を経て合成されたバニリルアミン（valillylamine）と 8-metthyl-6-nonenoyl-CoA から最終的にカプサイシン合成酵素（CS）によって辛味成分のカプサイシンが合成される(図 9.2)．しかし，カプシエイトを産生する CH-19 では，途中のバニリン（vanillin）からバニリルアミン（valillylamine）を合成すると考えられている酵素（putayive aminotransferase: pAMT）の遺伝子に 1 塩基の挿入変異が生じて正常に機能しなくなっていた（Lang et al. 2009）．その結果として，カプサイシンではなくカプシエイトが生成する（図 9.2）．これは自然突然変異で得られた変異体であるが，一つの遺伝子の改変で重要な二次代謝産物の産生が制御された例といえる．

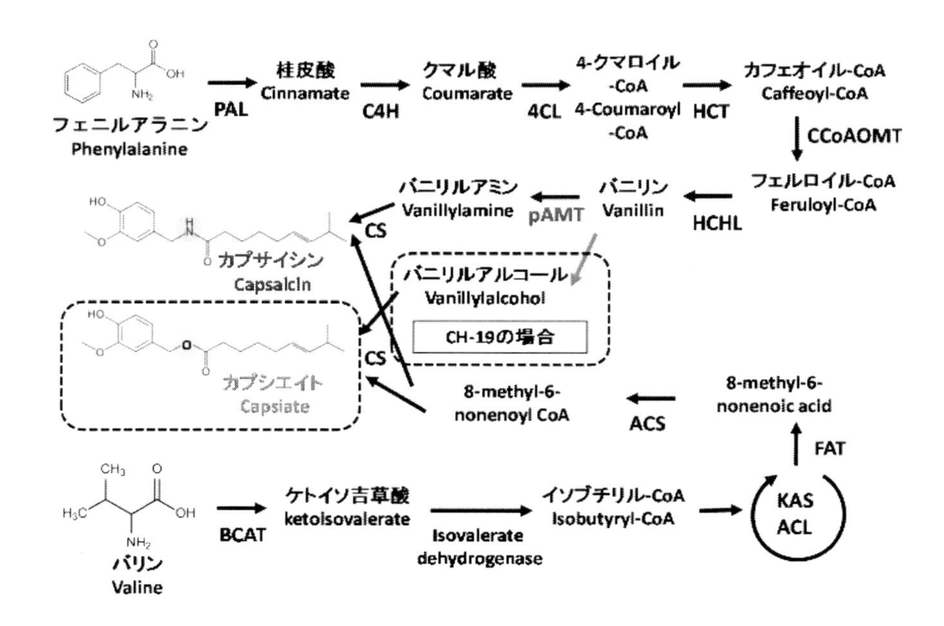

図9.2　トウガラシにおけるカプサイシノイド（カプサイシン）とカプシノイド（カプシエイト）の生合成経路

PAL:phenylalanine ammonia lyase, C4H: cinnamate 4-hydroxylase, 4CL: 4-coumaroyl-CoA ligase, HCT: hydroxycinnamoyl transferase, CCoAOMT: caffeoyl-CoA 3-O-methyltransferase, COMT: caffeic acid O-methyl transferase, HCHL: hydroxycinnamoyl-CoA hydratase/lyase, pAMT: putative aminotransferase, BCAT: branched-chain amino acid transferase, KAS: ketoacyl-ACP synthase, ACL: acyl carrier protein, FAT: acyl-ACP thioesterase, ACS: acyl-CoA synthetase, CS: capsaicin or capsaicinoid synthase.

9-3. カフェインレスコーヒー

コーヒーやお茶に含まれるカフェイン（caffeine）はプリン環を持つプリンアルカロイドの一種で覚醒作用，脳細動脈収縮作用，利尿作用などの作用があるため，眠気や倦怠感に効果があるが，副作用として不眠，めまいがあらわれることもある．また，カフェインに過敏な人も多い．そのため，そのような人々のために，例えばアメリカで行われる学会のコーヒーブレークには，通常のコーヒーとは別にカフェインを除去した「デカフェ」が用意されていることが多い．日本でも最近はカフェインフリーのペットボトルのお茶などが販売されている．

コーヒーのカフェインはキサントシンから 3 種の N-メチルトランスフェラーゼ(N-methyltransferas) に触媒されて生合成される（図9.3）．Ogita et al.（2004）は既知のメチル化酵素遺伝子と相同性の高い遺伝子をコーヒーの木から単離し，その酵素活性を調べることで，7-メチルキサンチンからテオブロミン生合成する反応を触媒する酵素 CaMXMT1 を同定した．この *CaMXMT1* 遺伝子発現を RNAi 法で抑制した 2 種のコーヒー（*Coffea arabica* と *C. canephora*）を作出したところ，期待通りに *CaMXMT1* 遺伝子の発現が抑制され，カフェイン生合成の中間代謝物であるテオブロミン（theobromine）と カフェインの含量は野生種の 30～50%に低下していた．この例では完全抑制はできていないが，遺伝子組換えによってカフェインレスコーヒーの木が作出できる可能性が示された．デカフェコーヒーは通常のコーヒーを原料に「超臨界抽出法」という工業的な方法でつくられるため，コストが高く風味も損なわれるので，遺伝子組換えでつくることができれば，コスト・味ともに通常のコーヒーと変わらないと期待される．

同様に，チャの木（*Camellia sinensis* (L.)）においてもカフェイン生合成の最後の 2 段階を触媒するカフェインシンターゼ（caffeine synthase: CS）の発現を RNAi 法で抑制したところ，カフェイン含量が 44～61%，テオブロミン含量が 46～67%低下した組換え体が得られている（Mohanpuria et al. 2011）.

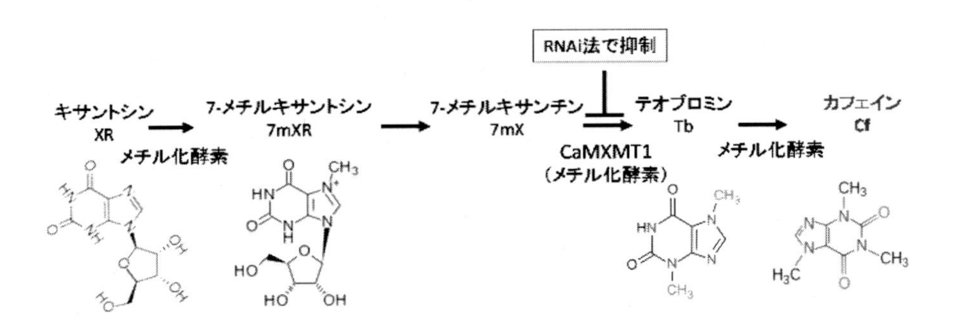

図9.3　植物におけるカフェインの生合成経路

9-4. モチ性とウルチ性

コメには我々が毎日食べているウルチ米と餅に加工するモチ米がある. これらの違いは, デンプンの組成によるもので, モチ米では枝分かれの多いアミロペクチンというデンプンの割合が100%なのに対して, ウルチ米では直鎖状のデンプンであるアミロースが約20%含まれている（図 9.4）. モチ性・ウルチ性は顆粒結合性デンプン合成酵素（granule-bound starch synthase: GBSS）をコードしているワキシー（*Wx*）遺伝子によって支配されており, ウルチ米ではこの酵素によってアミロースがつくられるが, モチ米はこの遺伝子が突然変異によって働かなくなっている. 日本人は粘り気のあるコメが好きで, 食味評価が高いコシヒカリのアミロース含量は 17%程度で他の品種よりアミロース含量が低い. 長粒のインディカ種のコメではアミロース含量が 30%以上のものもある. また, 一般的に古米などのおいしくないコメにモチ米を少量混ぜるとおいしくなるといわれており, 適度な粘り気を与えることでコメの食味が改善されると考えられる.

そこで, *Wx*遺伝子の働きをアンチセンス法（3-9-1. 参照）で部分的に抑制して適度な粘り気のあるコメをつくる研究が行われた. *Wx*遺伝子の一部のアンチセンスRNA を転写する遺伝子を導入した組換えイネのコメでは, アミロース含量が最低で6%に低下していた(Shimada et al. 1993).

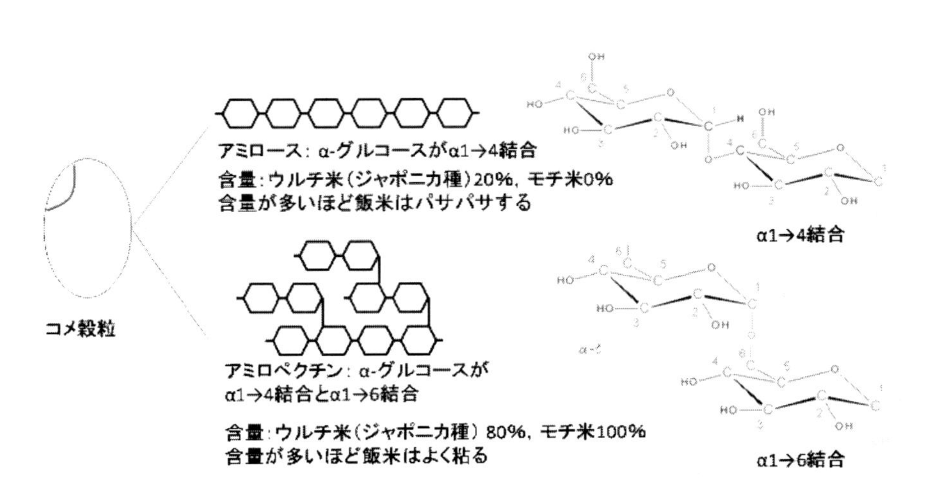

図9.4　ウルチ米とモチ米のデンプン

トウモロコシ,コムギ,ジャガイモにも突然変異を利用してつくられたモチ性の品種があり,コメと同様に粘り気のある食感が得られる.トウモロコシはコメと同様に加熱調理して粘りのある食感を楽しむことができるが,コムギやジャガイモでは加工適性や加工後の食感が異なるので,ウルチとは異なる用途に利用できる.ジャガイモでは遺伝子組換えによってもモチ性のジャガイモが作出できることが報告されている.

9-5. 高トリプトファンイネ

トリプトファンは,芳香族アミノ酸に分類され,ヒトが生合成できない必須アミノ酸の一つである.体内でセロトニン,メラトニンなどの神経伝達物質に代謝される重要なアミノ酸である.

トリプトファンはシキミ酸経路で合成されるが(図4.3 参照),イネにおけるの生合成では,アントラニル酸合成酵素(Anthranilate synthase :AS)が鍵酵素である(図9.5).しかし,イネのもつ2種のAS(OASA1 と OASA2)をイネで過剰発現させてもトリプトファン含量には影響しなかった.しかし,OASA1の323番目のアミノ酸であるアスパラギン酸(D, Asp)をアスパラギン(N, Asn)で置換した変異型の *OASA1*(D323N)をユビキチンプロモーターの制御下で過剰発現させたイネでは,トリプトファン含量が35〜180倍に増加した(Tozawa et al. 2001).これはトリプトファンの生合成が最終産物であるトリプトファンによるフィードバック阻害*

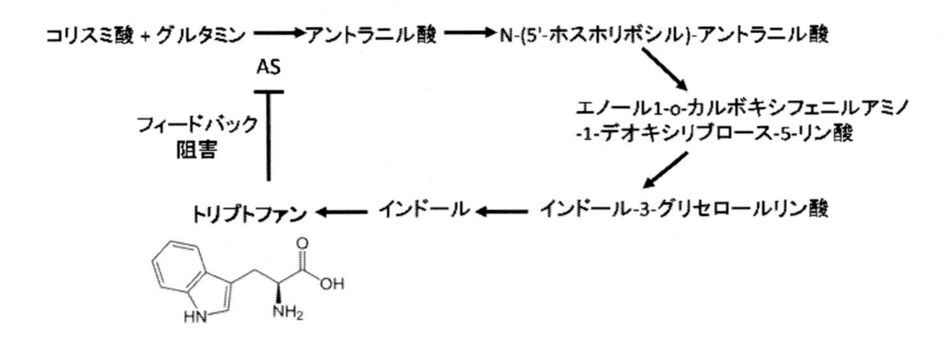

図9.5 イネにおけるトリプトファンの生合成経路
AS:アントラニル酸合成酵素

を受けるために，酵素量を増やしてもトリプトファンが蓄積すれば活性が抑制されるのに対し，この酵素の 323 番目のアミノ酸を置換することでトリプトファンがこの酵素に結合できなくなり，フィードバック阻害がかからなくなったためである（図 9.5）．このように，単純に遺伝子の発現量を増大させただけでは代謝産物の増大にはつながらない場合がある．

＊フィードバック阻害：代謝経路のある反応を触媒する酵素に，その代謝経路の産物が非競合的に結合して活性を抑制する現象で，アロステリック効果の一種である．

9-6. カンゾウの薬用成分の増大

マメ科のカンゾウ属（*Glycyrrhiza*属）植物の肥大根及び肥大根茎に含まれるトリテルペン配糖体であるグリチルリチン(glycyrrhizin)，及びフラボノイドは漢方薬などとして利用されている．カンゾウは，そのほとんどの原料を中国からの輸入に頼っているが，近年は資源保護の観点から輸出が制限され安定供給が難しくなっている．そこで，国内において安定的にグリチルリチンを供給するために，グリチルリチン産生制御遺伝子を単離してカンゾウのグリチルリチン生合成能力を増強することは重要な課題である．

グリチルリチンはβ-アミリン（β-amyrin）から何段階かの水酸化反応と配糖化によって合成される．この最初のステップの C-11 位の酸化は，β-amyrin 11-oxidase（CYP88D6）をコードしている cytochrome P450 monooxygenase（P450）の一種によって触媒されることが理化学研究所などのチームによって明らかにされた（Seki et al. 2008）．彼らは，カンゾウの EST 解析を行って 37 種の P450 遺伝子を同定し，グリチルリチンを産生する根と産生しない地上部におけるそれらの遺伝子の発現パターンを比較して，根で特異的に発現する 5 つの遺伝子に絞り込んだ．これらの遺伝子産物の酵素活性を調べることで CYP88D6 が C-11 位の水酸化を触媒することを突き止めた．さらに，次の C-30 位の酸化は P450（CYP72A154）によって触媒されることも同グループによって明らかとなった（Seki et al. 2011）．これによってグリチルリチンの生合成系の最も重要な遺伝子が明らかとなり，グリチルリチンをダイズなどの他の植物につくらせる事も視野に入れて研究を行なっている．

9-7. 褐変しにくいリンゴ

カナダの Okanagan Specialty Fruits Inc. (OSF)という会社は，リンゴの切り口や傷口が褐色になる原因となる酵素を遺伝子組換えによって抑制することで，褐変を起こしにくいリンゴを開発した．具体的には褐色のフェノール性物質の産生を触媒する 4 種の polyphenol oxidase (PPO)遺伝子（*PPO2, GPO3, APO5, pSR7*）の発現をRNAi 法（コサプレッション法）で抑制することで，これらの酵素の活性を抑制した．プロモーターとしては35S プロモーターを使用している．これらの組換えリンゴ（Arctic リンゴ）は，他の栄養成分には非組換えリンゴと差はなく，例えば，リンゴをカット，洗浄後にZipLoc に入れて5℃で 3 週間置いた場合に褐変化が大幅に抑制された．また，ジュースにした後，室温に一晩放置してもほとんど褐変しなかった．

米国食品医薬品局（FDA）は，2015 年にArctic リンゴが従来の品種などと同じく安全であり，かつ同じ栄養価であると結論している．また，カナダ食品検査庁（CFIA）とカナダ保健省（HC）も，Arctic リンゴの評価を行って，このリンゴは伝統的なリンゴの品種と同様に安全で栄養価が高いと結論してカナダでの商業販売を承認した．

この例のように，特定の遺伝子を抑制する遺伝子組換えは，新たなタンパク質を産生したり代謝物を蓄積しないために，社会的に受容されやすいという点で実用化に有利であると考えられる．さらに，最近ではRNAi 法やアンチセンス法に加えて，ゲノム編集技術（3-11 参照）を利用して遺伝子を抑制できるようになっている．ゲノム編集技術では，遺伝子組換えの痕跡すら残らなず，自然突然変異と区別がつかないことから，今後の活用と普及が期待される．

第 9 章の演習問題

(1) 植物に含まれる成分の中であなたが増加させたい，または減少させたいものを一つ挙げなさい．その物質について生合成経路を調べ，目的を達成するためにはどのような戦略を用いるべきか説明しなさい．

(2)RNAi 法の原理について説明しなさい．また，RNAi を引き起こすために導入する遺伝子の構造（プロモーターと cDNA）について図を書いて説明しなさい．

(3) フィードバック阻害について説明しなさい. また, ある酵素がフィードバック阻害を受けないようにするためにはどのような変異を導入する必要があるか.

第9章の参照文献

Goto F, Yoshihara T, Shigemoto N, Toki S, Takaiwa F. (1999) Iron fortification of rice seed by the soybean ferritin gene. Nat Biotechnol. 17: 282-286

Imai S, Tsuge N, Tomotake M, Nagatome Y, Sawada H, Nagata T, Kumagai H. (2002) Plant biochemistry: an onion enzyme that makes the eyes water. Nature 419: 685

Eady CC, Kamoi T, Kato M, Porter NG, Davis S, Shaw M, Kamoi A, Imai S (2008) Silencing onion lachrymatory factor synthase causes a significant change in the sulfur secondary metabolite profile. Plant Physiol 147: 2096-2106

Lang Y, Kisaka H, Sugiyama R, Nomura K, Morita A, Watanabe T, Tanaka Y, Yazawa S, Miwa T (2009) Functional loss of pAMT results in biosynthesis of capsinoids, capsaicinoid analogs, in *Capsicum annuum* cv. CH-19 Sweet. Plant J 59: 953-961

Ogita S, Uefuji H, Morimoto M, Sano H. (2004) Application of RNAi to confirm theobromine as the major intermediate for caffeine biosynthesis in coffee plants with potential for construction of decaffeinated varieties. Plant Mol Biol. 54: 931-941

Mohanpuria P, Kumar V, Ahuja PS, Yadav SK (2011) Producing low-caffeine tea through post-transcriptional silencing of caffeine synthase mRNA. Plant Mol Biol 76: 523-534

Shimada H, Tada Y, Kawasaki T, Fujimura T (1993) Antisense regulation of the rice waxy gene expression using a PCR-amplified fragment of the rice genome reduces the amylose content in grain starch. Theo Appl Genet 86:1993-2001

Tozawa Y, Hasegawa H, Terakawa T, Wakasa K (2001) Characterization of rice anthranilate synthase alpha-subunit genes OASA1 and OASA2. Tryptophan accumulation in transgenic rice expressing a feedback-insensitive mutant of OASA1. Plant Physiol 126: 1493-1506

Seki H, Ohyama K, Sawai S, Mizutani M, Ohnishi T, Sudo H, Akashi T, Aoki T, Saito K, Muranaka T (2008) Licorice beta-amyrin 11-oxidase, a cytochrome P450 with a key role in the biosynthesis of the triterpene sweetener glycyrrhizin. Proc Natl Acad Sci USA 105: 14204-14209

Seki H, Sawai S, Ohyama K, Mizutani M, Ohnishi T, Sudo H, Fukushima EO, Akashi T, Aoki T, Saito K, Muranaka T (2011) Triterpene functional genomics in licorice for identification of CYP72A154 involved in the biosynthesis of glycyrrhizin. Plant Cell 23: 4112-4123

第10章　健康に役立つ植物をつくる

この章では9章に続いて植物の成分を改変した例を採り上げるが，本章では特に人々の健康の保持や増進に役立つような，いわば「医食同源」を実現するための植物について紹介する．

10-1．スギ花粉症緩和米

スギ花粉症（スギアレルギー）は国民病ともいわれるほど日本では多数の患者がいる深刻な病気である．スギ花粉中の主要なアレルギーを引き起こす抗原（アレルゲン）としては，Cry j 1とCry j 2という2種類のタンパク質が同定されている．Cry j 1はブタクサ花粉の主要アレルゲンであるAmba1のアミノ酸配列と46%の相同性があり，Cry j 2はアボカドの果実の成熟に関与するポリガラクツロナーゼと43%の相同性をもつことが報告されている．アレルギー患者の体内では，このアレルゲンタンパク質に対する抗体がつくられ，次にアレルゲンが体内に入ると肥満細胞の持っているアレルゲン抗体に結合して，肥満細胞からさまざまな炎症を起こす化学伝達物質を出させることで花粉症の症状が起きる．

アレルギーの治療法としては，低濃度の抗原（アレルゲン）を継続的に投与する「減感作療法」があるが，煩雑さやアナフィラキシーショック症状を起こす危険性が指摘されている．最近ではアレルゲンそのものではなく，アレルゲンのT細胞抗原決定基（T細胞エピトープ）のみを注射や経鼻，経口により投与すると，アレルギー反応が軽減することが報告されており，第2世代の抗原特異的免疫療法として注目されている．

この方法を応用して遺伝子組換えでスギ花粉症緩和米を作出する研究が行われている．すなわち，スギアレルゲンのT細胞エピトープを毎日食べるコメの中に蓄積させることができれば，食べることでスギ花粉症の緩和や治療効果が得られると期待される．実際に（独）農業生物資源研究所では，スギ花粉アレルゲン（Cry j 1，Cry j 2）のヒトT-細胞エピトープを種子（胚乳）で発現するイネを作出した（Takagi et al. 2005）．この組換えイネでは，Cry j 1エピトープを3個とCry j 2エピトープを4個連結した7連結ペプチドをコードする遺伝子を胚乳中で発現するグルテリンなどの貯蔵タンパク質のプロモーターに連結して導入した（図10.1）．

7連結ペプチドを用いた理由は，ヒトの遺伝子型によって認識されるスギアレルゲン中のエピトープが異なることから，両方のエピトープを複数発現させることで，多くの人のT細胞に認識される確率を高めるためである．組換えイネのペプチドの蓄積量は，最大で一粒あたり60μg程度であり，この量であれば体重60kgのヒトが毎日1合程度のコメを食べれば効果が期待できるとされている．マウスを使った試験では，このコメを毎日5，6粒ずつ食べさせ，その後スギアレルゲンを感作させたところ，普通のコメを食べさせたマウスに比べてIgE抗体のレベルが約30%程度に低下していた．また，花粉症マウスを使った実験ではくしゃみの回数が1/3になった．

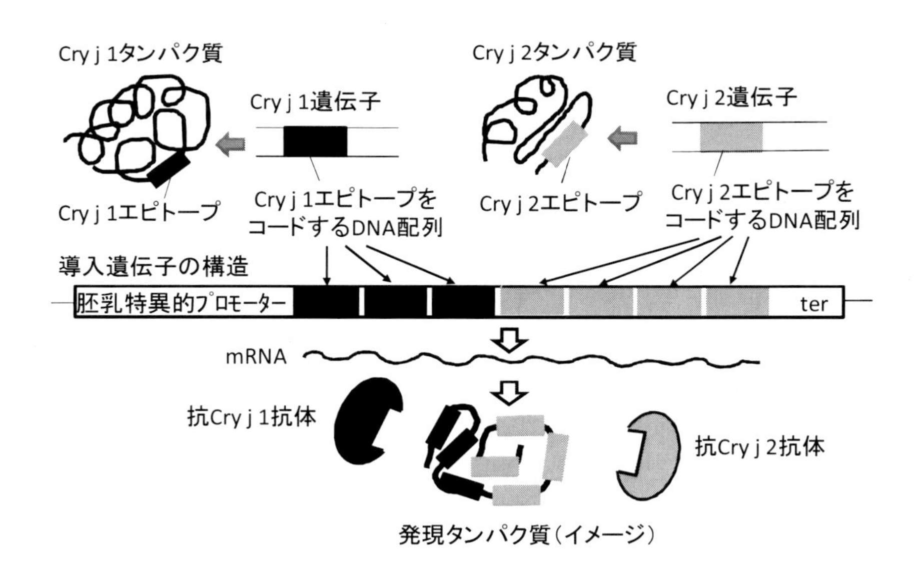

図10.1　スギ花粉症緩和米の作出
スギ花粉のアレルゲンタンパク質Cry j 1とCry j 2のエピトープ（10-20アミノ酸）をコードするDNA配列だけを連結して，胚乳特異的なプロモーターにつないでイネに導入した．

この組換えイネは，2005年度に農業生物資源研究所の隔離圃場で試験栽培を行い，生物多様性影響評価（環境に対する安全性評価）を実施して，約300kgのコメを収穫した．この花粉症緩和米は，「医薬品」との線引きが難しく，実用化のためには医薬品と同等の有効性と安全性を調べる試験の実施を一時は厚生労働省から求められた．医薬品開発は，一般に10年以上の歳月と数億円以上の研究開発費がかかるため，そのような試験を行った場合には花粉症緩和米も医薬品並みの値段をつけないとコストが見合わないことになり，現実的には販売できなくなってしまう．そのため，農業生物資源研究所は開発を中止した．しかし，紆余曲折があったものの，2010 年から，企業，大学，公的研究機関と共同で花粉症緩和米の実用化へ向けた取り組みが再開されている．

10-2. 低アレルゲン米

あまり知られていないことだが，日本にはコメをたべてアレルギー症状を発症するコメアレルギー患者が数千人いると推定されている．コメのアレルゲンは名古屋大学の中村　良教授の研究室においてアレルギー患者血清中の特異 IgE 抗体との反応性を利用して最も主要なものが単離精された．主要なアレルゲンは，アルブミンに属する 16kDa の可溶性タンパク質であり，炊飯によっても失活しない高い熱安定性をもつことが分かった．さらにこのアレルゲン蛋白質のアミノ酸配列に対応する合成 DNA をプローブにしてアレルゲンの cDNA，ゲノミック DNA が単離された．その後，この遺伝子と相同性の高いいくつかのアルゲン遺伝子が単離されており，イネアレルゲンは多重遺伝子族を形成していることがわかっている．これらのアレルゲン遺伝子の発現をアンチセンス法で抑制して，コメアレルギー患者が食べることができる低アレルゲン米を作出する研究が行われた．主要アレルゲンの cDNA を恒常的に発現する CaMV35S プロモーターや胚乳特異的なグルテリンやプロラミンのプロモーターにアンチセンスの向きに接続してイネに導入したところ，16kDa の主要アレルゲンとそれに相同性のある可溶性タンパク質の含量は通常のコメの 20%以下に減少した（Tada et al. 1992，図 10.2）．さらにその後，抑制効果を強めるためにアンチセンスアレルゲン遺伝子を複数連結して導入した組み換えイネも作出されたが，アレルゲンが完全にゼロになった個体は得られなかった．アレルギー患者のアレルゲンに対する感受性は高く，20%程度も残っていては効果は望めないと推測された．また，コメ中には 16kDa アルブミンの他にも数種類のアレルゲンが存在するため，患者に有効な低アレルゲン米の開発は達成できなかった．より遺伝子発現抑制効果が高い RNAi 法をすべてのアレルゲン遺伝子に適用すれば，コメアレルギー患者でも食べられるコメができる可能性はあると考えられる．

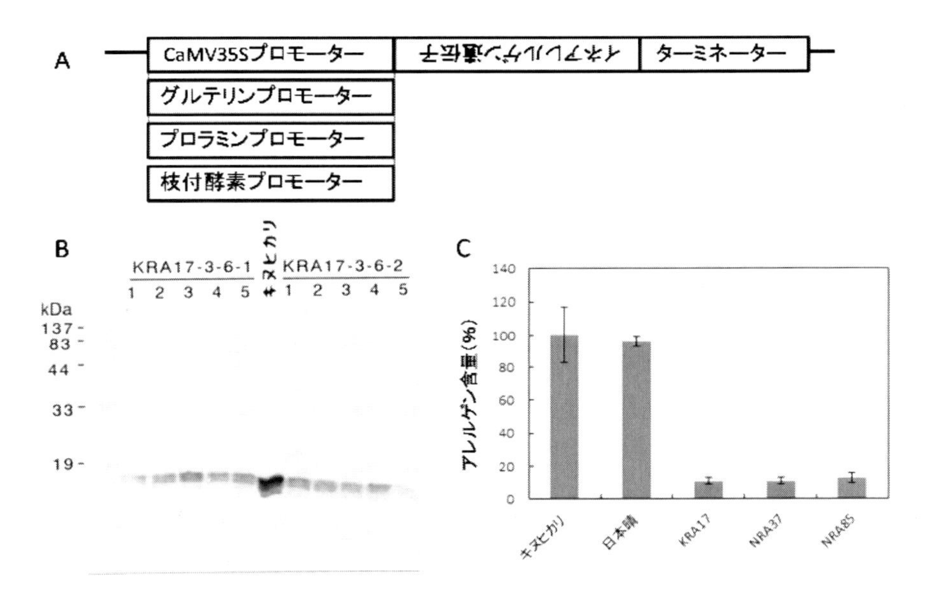

図 10.2　アンチセンス法によるイネのアレルゲンの低減
A. 導入したアンチセンスアレルゲン遺伝子の構造, B. アレルゲンタンパク質の免疫学的検出,
C, 組換えイネのアレルゲン含量（相対値）

10-3. ゴールデンライス

ビタミンA不足は，途上国を中心に，年間50万人に上る失明と，100万から200万人の死亡の原因となっている．そこで，このような人々に対してビタミンA不足を解消するための手段として，ビタミンAの前駆物質であるベータカロテンなどを含む遺伝子組換えイネの開発が行われている．シンジェンタ社などは，βカロテンの生合成経路に必要なスイセン由来の *phytoene synthase (psy)* と *lycopene beta-cyclase (beta-lcy)* 遺伝子をグルテリンプロモーターにつなぎ，*Erwinia uredovora* という微生物由来の phytoene desaturase (crtI) 遺伝子を CaMV35S プロモーターにつないで同時にインディカ種のイネに組込み，ベータカロテンをコメの中に作り出すことに成功した (Beyer et al. 2002 : 図 10.3)．組換えイネの胚乳のカロテノイド含量は 1.6 μg/g DW であり，組換え体のコメの色は黄色くなった．しかし，このカロテノイド含量は充分に高いとはいえず，その原因としては導入した PSY の活性が合成系の律

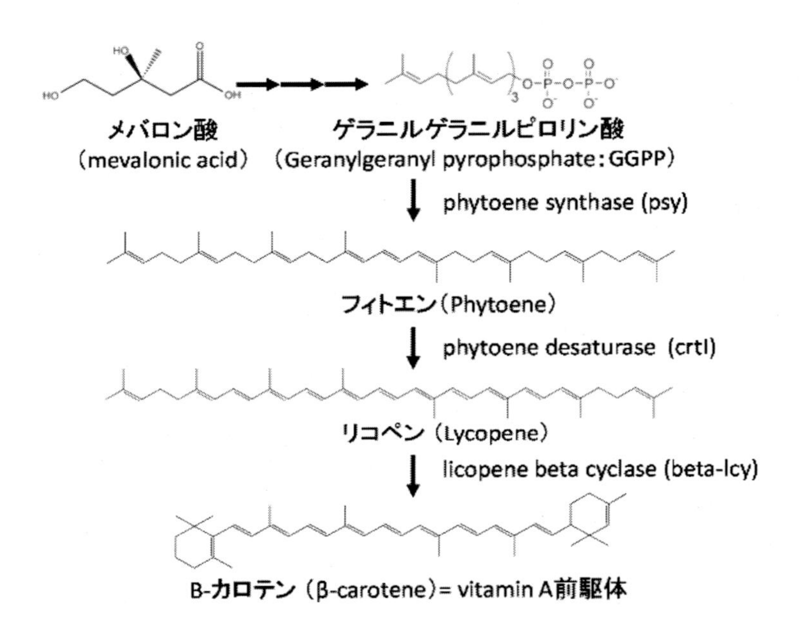

図 10.3　ゴールデンライスの β-カロテン合成経路

速となっていると考えられた．そこで，様々な他の植物の *psy* 遺伝子の中から，スイセンに代えてトウモロコシ由来の *psy* 遺伝子を導入したところカロテノイド含量が 23 倍（最大で 37μg/g DW）に増加した（Paine et al. 2005）．このイネは，まだ開発途中にあり，将来的には国際稲研究所（IRRI）を通じて，途上国に無償提供するとしている．ゴールデンライスは組換え技術が貧困層の救済に役立つという点で，組換え植物の社会的受容（PA）を促進する効果も期待されている．しかし，ビタミンA不足の解消が目的であればビタミン剤を配布した方が効果的であるという意見や貧困層を使った組換え植物の人体実験であるといった批判があるのも事実である．

10-4. トランス脂肪酸の産生を低下させるダイズ

モンサント社が開発したステアリドン酸（Stearidonic acid :SDA）大豆は，遺伝子組換え技術を用いて海藻由来のΔ6 不飽和化酵素の遺伝子を導入することによって，通常の大豆には含まれないステアリドン酸（SDA）を大豆油中に 20%含んでいる（図 10.4）．SDA はエイコサペンタエン酸（EPA）やドコサヘキサエン酸（DHA）の前駆体であり，体内におけるEPA への転換率は 1/6～1/3 といわれている．EPA や DHA は魚油中に多く含まれ，コレステロールを減らし，心臓病や高血圧を抑えると言われるオメガ 3 脂肪酸であることから，このダイズ（あるいはダイズ油）を摂取することで健康増進効果が期待される．

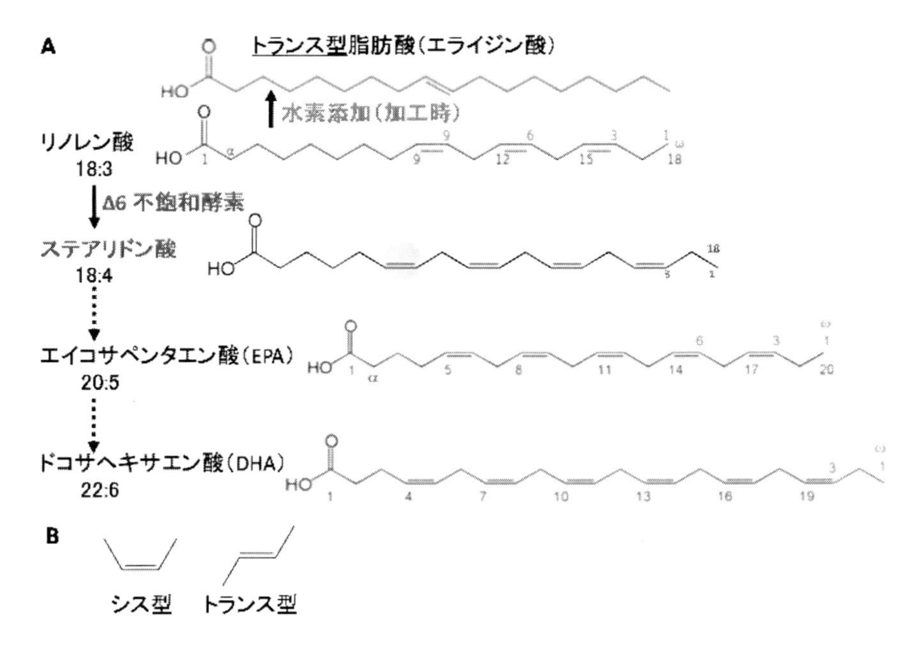

図 10.4　ω-3 脂肪酸の生合成系路と水素添加によるトランス型脂肪酸の生成
A. Δ6 不飽和酵素遺伝子の導入によって，ダイズ中のリノレン酸からステアリドン酸（SDA）が生成されることで，水素添加によるトランス型脂肪酸の生成が抑えられる．脂肪酸は化学的には図の左側の炭素から順に番号を付けるが，生理学的分類ではこれらの脂肪酸は図の右側から数えて3番目の炭素に最初の不飽和結合が入るため，いずれも ω-3脂肪酸と呼ばれる．B. シス型とトランス型の炭化水素

また，ダイズ油を加工食品に用いる際には，日持ちをよくしたり，硬化させたりするため，水素添加という処理を行うが，これによりリノレン酸からトランス脂肪酸と呼ばれる脂肪酸が発生する．トランス脂肪酸は，多く摂取することにより悪玉コレステロールを増加させ，心臓疾患のリスクを高めることが報告されている．リノレン酸が通常の大豆では8%含まれるのに対してSDA大豆（商品名ビスティブVistive大豆）では3%以下になっているので，酸化防止のために行われる水素添加処理によるトランス脂肪酸生成を減らすことができ，SDA大豆を原料とした加工食品は心臓疾患のリスクを低下させることができるといわれている．アメリカでは既にFDA（食品医薬品局）が食品中のトランス脂肪酸含量の表示を義務化したことから，SADダイズの普及には追い風となっていた．さらに，その後もトランス脂肪酸削減の要求がさらに高まり，FDAは2018年6月以降に食品への添加を原則禁止すると発表した．日本ではトランス脂肪酸の摂取量が世界保健機関（WHO）の基準値よりも少ないため，通常の食生活を送っていれば健康への影響は小さいとされ，現在のところ規制されていない．

10-5. アスタキサンチンを産生する植物

アスタキサンチン（astaxanthin）とは，カニ，エビなどの甲殻類に多い分子量596.85のカロテノイドである．遊離状態やタンパク質と結合した色素タンパク質として存在するが，加熱などによって容易に分解して赤色を呈する．アスタキサンチンは，従来は着色用の食品添加物として使われることが多かったが，抗酸化作用が強いことから機能性食品やサプリメント，化粧品原料として注目されており，世界で200億円以上の市場がある．アスタキサンチンはヘマトコッカス（*Haematococcus pluvialis*）という微細藻類を培養して生産する方法が主流になっているが，これを植物で安価に生産するための研究が行われている．

アスタキサンチンの生合成経路は，途中までは 10-3 のβ-カロテンと同じである．*Brevundimonas*属に属する海洋細菌由来のフィトエンデサチュラーゼcrtI（β-カロテンの生合成でも利用された）を含めて，アスタキサンチン生合成（図 10.5）に必要な酵素であるフィトエン合成酵素（crtB），リコペン環化酵素（crtY），GGPP 合成酵（crtE），β-カロテンケトラーゼ（4,4’－β-oxygenase；crtW），β-カロテンヒドロキシラーゼ（3,3’－β-hydroxylase；crtZ）の遺伝子を多重導入して，植物（ナタネ，アマ）でアスタキサンチンを含む各種カロテノイド（1.37mg/g 湿重量）を生合成できることが報告されている（Harada et

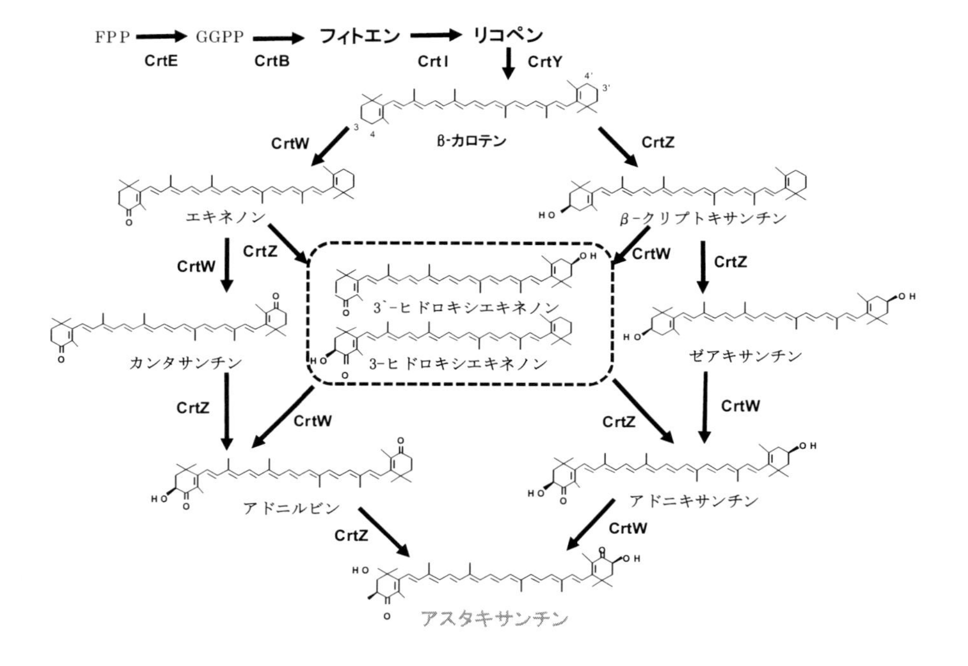

図10.5　アスタキサンチンの生合成経路の付与
FPP: ファルネシルニリン酸 GGPP: ゲラニルゲラニルニリン酸 crtE: GGPP synthase, crtB: phytoene synthase, crtI: phytoene desaturase, crtY: lycopene cyclase, crtW: β-carotene ketolase, crtZ: β-carotene hydroxylase

al. 2009). これらのカロテノイドを産生するナタネの種子はカロテノイドの蓄積によって赤くなった. また, 葉緑体形質転換 (3-8-2. 参照) によってタバコ, レタスでアスタキサンチンを含むカロテノイドを生合成することにも成功した (Hasunuma et al. 2008). これらの組換え植物は, カロテノイドの蓄積によって葉が赤くなった.

また, 中国科学院昆明植物研究所は, 微細藻類のアスタキサンチンの生合成経路を解析して高等植物のアスタキサンチン生合成を抑制する問題を解決し, ヘマトコッカス藻とほぼ同じ含有量である約 1.6%のアスタキサンチンを含むトマトを開発することに成功したと発表している.

10-6. イヌ用インターフェロンを産生するイチゴ

ヒト用だけではなく，ペットの健康に役立つ機能性物質や医薬品を植物に作らせる研究も行われている．

（独）産業技術総合研究所（産総研）は北里研究所などと共同でイヌ歯周病に対する治療薬として期待されるイヌインターフェロン-α（サイトカインの一種）を生産する遺伝子組換えイチゴを作出した．このイチゴ粉末を，直接イヌに経口投与（口内に塗布）することで，歯肉炎の治療効果があることも証明した（Ito et al. 2010）．この組換えイチゴで生産したイヌインターフェロン-αは平成25年10月11日に動物用医薬品として承認された．これは遺伝子組換え植物体そのものを抽出・精製せずに原材料として用いて世界で初めて承認された医薬品である．このように，遺伝子組換え植物を用いて安価に動物用医薬品を開発する研究も進んでいる．

また，産総研は他にも医薬品として有用な抗体，サイトカイン（インターフェロン等）やワクチン成分などの有用物質を，遺伝子組換え植物を使って生産する研究に取り組んでいる．さらに，組換え植物の遺伝子拡散などの環境影響を抑えるために，密閉型施設内を用いて遺伝子組換え植物の栽培から医薬品原料の精製までを行うシステムを確立している．

第10章の演習問題

(1) 動物や微生物が産生する薬効成分や健康の増進に役立つ成分を一つ挙げなさい．その物質について生合成経路や合成遺伝子を調べ，目的を達成するためにはどのような戦略を用いるべきか説明しなさい．

(2) リコペンまでを生合成する植物に，遺伝子組換えを行ってβカロテンとアスタキサンチンの両方を生産するようにするにはどうすればよいか考えなさい．

第10章の参照文献

Takagi H, Saito S, Yang L, Nagasaka S, Nishizawa N, Takaiwa F (2005) Oral immunotherapy against a pollen allergy using a seed-based peptide vaccine. Plant Biotechnol J 3: 521-533

スギ花粉症緩和米の研究開発について http://www.nias.affrc.go.jp/gmo/basic.html

Tada Y, Nakase M, Adachi T, Nakamura R, Shimada H, Takahashi M, Fujimura T, Matsuda T (1996) Reduction of 14-16 kDa allergenic proteins in transgenic rice plants by antisense gene. FEBS Lett 391: 341-345

Beyer P, Al-Babili S, Ye X, Lucca P, Schaub P, Welsch R, Potrykus I (2002) Golden Rice: introducing the beta-carotene biosynthesis pathway into rice endosperm by genetic engineering to defeat vitamin A deficiency. J Nutr 132: 506S-510S

Paine JA, Shipton CA, Chaggar S, Howells RM, Kennedy MJ, Vernon G, Wright SY, Hinchliffe E, Adams JL, Silverstone AL, Drake R (2005) Improving the nutritional value of Golden Rice through increased pro-vitamin A content. Nat Biotechnol 23: 482-487

モンサント社資料 (http://www.monsanto.co.jp/news/seminar/pdf/111004_02.pdf)

Fujisawa M, Takita E, Harada H, Sakurai N, Suzuki H, Ohyama K, Shibata D, Misawa N. (2009) Pathway engineering of Brassica napus seeds using multiple key enzyme genes involved in ketocarotenoid formation. J Exp Bot 60:1319-1532

Harada H, Fujisawa M, Teramoto M, Sakurai N, Suzuki H, Shibata D, Misawa N (2009) Simple functional analysis of key genes involved in astaxanthin biosynthesis using Arabidopsis cultured cells. Plant Biotechnol 26: 81-92

Hasunuma T, Miyazawa S, Yoshimura S, Shinzaki Y, Tomizawa K, Shindo K, Choi, S-K, Misawa N, Miyake C (2008) Biosynthesis of astaxanthin in tobacco leaves by transplastomic engineering. Plant J 55: 857-868

Ito A, Isoga E, Yoshioka K, Sato K, Himeno N, GOTANDA T (2010) Ability of orally administered IFN-α4 to inhibit naturally occurring gingival inflammation in dogs. J Vet Med Sci 72: 1145-1151

第11章　形を変える

11-1. 枝分かれの促進

枝分かれの制御は，5 章（5-3. 茎数を増やす）でも述べたように作物では生産性に関わる重要な形質であると同時に，園芸植物では高付加価値化や作業の効率化に関わる重要な形質である．形態形成の制御には，様々な転写因子が重要な働きをしている．

Nakagawa et al.（2005）は，ペチュニアのジンクフィンガー型転写因子の遺伝子 *Lateral shoot-Inducing Factor*（*LIF*）をペチュニアで CaMV35S プロモーターの制御下で高発現させると，枝分かれを著しく促進し，矮性化することを報告した．*LIF* を過剰発現させたタバコとシロイヌナズナでも同様な枝分かれの増加が認められたことから，この方法は広く双子葉植物の枝分かれを増加させることが可能であると考えられた．この技術を花卉に応用すれば，極めて多花性の品種を作出することができることから，商品価値の高い花卉品種を育種するうえで実用性の高い技術であるといえる．

この遺伝子は，正常なペチュニアでは葉脇の腋芽の基部に発現しており，頂芽優勢と関係していると考えられている．また，*LIF* を過剰発現させた植物では植物ホルモンの各種サイトカイニン含量を調べたところ，増加しているものもあったが，trans-Zeatin などが減少し，全体としては野生型と同程度であった．一般に，枝分かれが増加した植物ではサイトカイニン含量が増加していることから，この組換え体は通常の多分枝植物とは異なる仕組みをもっていると考えられる．

11-2. 花の形

花の器官形成は有名な ABC モデルという分子遺伝学的モデルにより説明できる（Coen and Meyerowitz 1991）．このモデルでは，図 11.1 に示すように，花の器官（がく片，花弁，雄しべ，雌しべ）は４つの同心円状の領域（whorl1-4）に並んでいると考える．そして，各器官の形成に関与する 3 つのクラスの遺伝子（クラス A，B，C）が，隣り合った２つの領域（whorl）

にまたがって発現し，各 whorl で発現している遺伝子の組み合わせにより形成される器官が決まる．すなわち，

クラス A の遺伝子のみが働く一番外側の whorl 1 は「がく片」

クラス A とクラス B の遺伝子が働く外から 2 番目の whorl 2 は「花弁」

クラス B とクラス C の遺伝子が働く 3 番目の whorl 3 は「雄しべ」

クラス C の遺伝子のみが働く最も内側の whorl 4 は「雌しべ」

が形成される．従って，突然変異などでいずれかの遺伝子が機能しなくなると，その whorl に形成される器官が変化してしまう．例えば，クラス B の遺伝子が機能しないと，whorl2 ではクラス A，whorl3 ではクラス C の遺伝子のみしか働かないため，それぞれがく片，雌しべが形成されることになる（図 11.1）．クラス A の遺伝子の機能が失われるとクラス C の遺伝子が whorl1 と 2 の領域でも働き，雌しべ，雄しべ，雄しべ，雌しべという順番で器官が並んだ花になる（図 11.1）．クラス C の遺伝子の機能が失われると，がく片，花弁，花弁，がく片となる（図 11.1），さらに whorl4 で新たな花が繰り返し形成されるため，八重咲きの花になる．

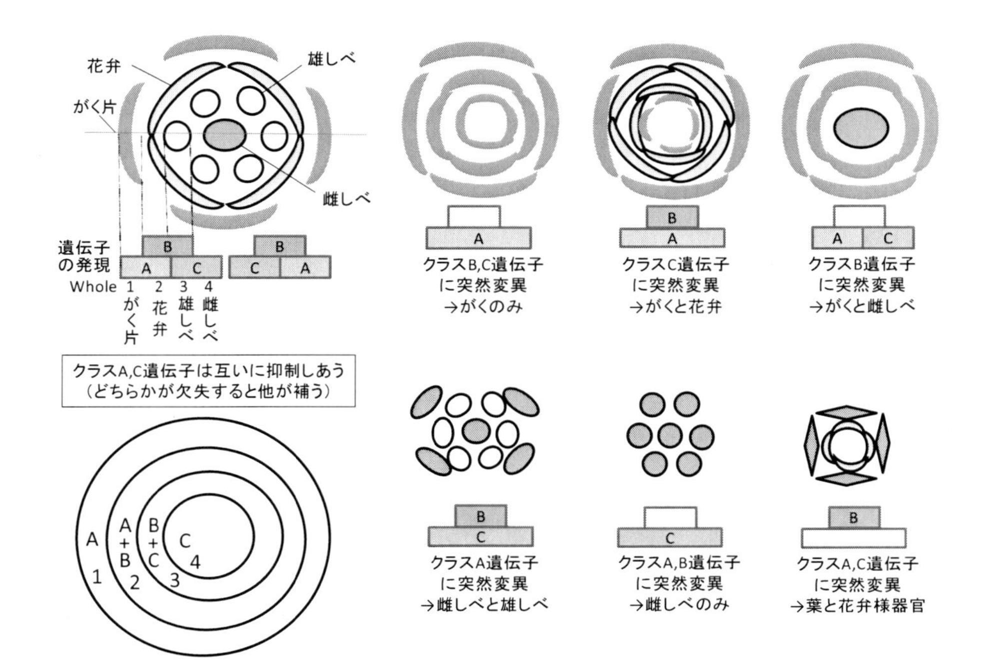

図 11.1　花器官の形成における ABC モデル

ちなみに，クラスA遺伝子の変異型はシロイヌナズナの*apetala1*（*ap1*）である．クラスBの遺伝子の変異型としては，シロイヌナズナの*pistillata*（*pi*），*apetalla3*（*ap3*），キンギョソウの*globosa*（*glo*），*deficients*（*def*）などがある．クラスC遺伝子の変異型は，シロイヌナズナの*agamous*（*ag*），キンギョソウの*plena*（*ple*）などである．これらの遺伝子産物は全てMADS-boxを持つ転写因子である．

花弁は葉が変異して形成されたと考えられているが，葉を花に変えるにはクラスA，B，Cの遺伝子以外に，クラスE遺伝子（*sepallata1，2，3*）が必要なことがその後明らかになり，現在はABCEモデルとして提唱されている．

11-3．転写因子の抑制

既に述べたように，形態形成には転写因子が重要な役割を果たしていることから，11-1のように転写因子を過剰発現させるのとは逆に，転写因子を抑制型に変換できるCRES-Tを適用した場合にも，様々な形態変化を引き起こすことが明らかにされている．以下に実際の適用例を解説する．

11-3-1．二次壁を形成できない軟体植物

木部は主にリグニンとセルロースから成る二次壁の肥大によって形成される．この二次壁の形成には2つの転写因子NAC SECONDARY WALL THICKENING PROMOTING FACTOR1（NST1）とNST3の働きが関与している．シロイヌナズナにおいてCRES-T法でこれら二つの転写因子の働きを同時に抑制した場合，二次壁が形成されず，茎を含めた植物体の各器官の形成は正常に行われるが，二次壁が形成されていない茎は自力で立っていることができず，地を這うような植物になった（Mitusda et al. 2007）．このことは，二次壁の形成は他の組織の形成とは独立して起きていることと厚い細胞壁がなくても植物は生長が可能なことを示している．もちろん，自然界では丈夫な茎をもたない植物は垂直方向への伸長競争だけでなく，水平方向への伸長競争でも他の植物に勝つことはできず，風，雨や動物によるかく乱によってもダメージを受けるために生き残ることは困難である．しかし，このような植物は分解が困難なリグニン含量が少ないことから，バイオエタノールの原料としては優れていると考えられ，バイオ燃料植物の開発で

利用価値があるかもしれない.

11-3-2. 葉のフリンジ（フリル）化

トウモロコシの茎が枝分かれしないことに関係している *TEOSINTE BRANCHED1* 遺伝子を含む遺伝子ファミリーである *TEOSINTE BRANCHED1, CYCLOIDEA, and PCF family transcription factor* （*TCP*）遺伝子はシロイヌナズナゲノム中に多数のコピーが存在する. これらの一つを破壊しても大きな変化は起きないが, CRES-T でドミナントに抑制すると, 葉が縮れてフリル状に変化してパセリのようになった（Koyama ey al. 2010）. この変化は, 各 *TCP* 遺伝子の突然変異体を交配して変異遺伝子を集積した場合に, 集積した変異遺伝子の数に応じて表現型が強くなる結果と一致している. 逆に, *TCP* 遺伝子を過剰に発現させた組換え体の葉では, 野生型で認められる周辺部の鋸歯がなくなり, 平らな縁の葉を形成した.

また, *TCP* 遺伝子はシュートメリステム（茎頂分裂組織： 茎の先端部にあり, 葉を作り出すための組織）の形成にも関わっており, 例えば 7 つの変異型 *TCP* 遺伝子を集積すると, シュートメリステムが異常な場所で形成された. 逆に, *TCP* 遺伝子の発現を強めると, シュートメリステムが形成されなかった. 従って, *TCP* 遺伝子群は葉縁を滑らかにする働きと, シュートメリステムの形成を阻害する働きの, 2 つの役割を持つ.

11-3-3. 花のフリンジ（フリル）化

シロイヌナズナの *TEOSINTE BRANCHED1, CYCLOIDEA, and PCF family transcription factor 3*（*TCP3*）のキメラリプレッサーを 35S プロモーターにつないで導入したキクとトレニアでは, シロイヌナズナ同様, 葉や花弁の組織縁辺がフリンジ化することが報告されている（Narumi et al. 2011）. 特に花弁のフリンジ化は花卉の高付加価値化につながる形質であり, 有用性が高いと考えられる. そこで, シクラメンから単離した *TCP* ホモログ遺伝子（*CpTCP1*）のキメラリプレッサーを 35S プロモーターにつないでシクラメンに導入したところ, 葉および花の湾曲と花弁のフリル化が認められた（Tanaka et al. 2011）. 特に花弁が多弁化して八重咲のような豪華な花を咲かせることから, 観賞用の鉢植えとして市場価値が高いと考えられている. このシクラメンについては 2013 年現在で商品化に向けた試験が継続されている. このシクラメンも観賞用植物として価値が高いと考えられる. このように, 花の形態変化を引き起こす手法としてCRES-Tは有用であることが示されている.

11-4. 茎を伸ばす

茎の長さは収量（生産量）に関係していることは既に述べたが，草丈の変化は形態としても大きな変化である.
東南アジアの低地（デルタ地域）では雨期になると洪水が起きる地域が存在する．このような地域では，雨期には通常の作物を栽培することは困難である．なぜなら，田や畑が水没してしまうためである．このような地域では，雨期には浮イネ（図 11.2）と呼ばれるイネが栽培される．洪水で水位が上昇した場合に，通常のイネは水没して酸素不足のために枯れてしまう．一方で，浮イネは水位に対応して茎を伸ばすことで上位の葉が水面から出ているために酸素を確保することができる．浮イネに限らず，イネはわずかでも葉が水面から出ていれば，そこから酸素を吸収して根を含む体全体に供給することで生存することができる.

浮イネが水位に応じて茎を伸ばす仕組みは，名古屋大学の芦刈らによって明らかにされた (Hattori et al. 2009)．芦刈らはイネの染色体のうち3カ所の部分に，浮イネの茎を伸ばす

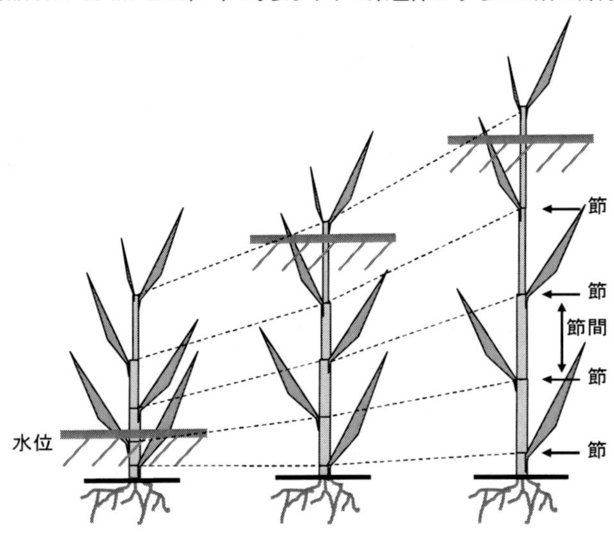

図 11.2　浮イネ
水位の上昇に伴って節間が伸長する．茎の長さは数mから10m以上になるものもある.

性質をコントロールする遺伝子領域があることを明らかにした．これらのうちの一つである第12染色体の長腕に座乗する*スノーケル1*（*SNORKEL1*）と*スノーケル2*（*SNORKEL2*）という遺伝子をポジショナルクローニング*で単離した．これらの遺伝子は通常の栽培イネにはないことから，栽培イネでは品種改良の過程で除かれたと考えられた．これらの遺伝子産物は核移行シグナルとAPETALA2/ethylene response factor（AP2/ERF）domainというエチレンに応答するアミノ酸配列をもっている．イネが水没すると植物ホルモンのエチレンが発生するが，エチレンに反応してこれらの遺伝子産物が生産され，それによってジベレリンの生合成が活性化されて茎（節と節の間）が伸びる．*SNORKEL1*，または*SNORKEL2*を常に過剰発現する組換えイネを作成したところ，湛水条件でなくても茎の伸長が起きた．

浮イネは洪水地帯で栽培が可能な唯一の作物といってよいが，収量が非常に低いという問題がある．*SNORKEL1*，と*SNORKEL2*を活用することで収量の多い浮イネ品種を開発することが可能になる可能性がある．

*ポジショナルクローニング：目的遺伝子の表現型の情報をもとに，染色体上のその遺伝子の座上位置を遺伝学的な連鎖解析によって決定し（マッピング），その位置情報をもとに目的の遺伝子座を含む大きなDNA断片をクローニングする．次にそのDNA断片に含まれる候補遺伝子の中から目的の遺伝子を同定する．

第11章の演習問題

(1)花卉植物の商品価値をあげる形態変化としてはどのようなものが考えられるか．さらに，そのような形態を実現するための分子育種的戦略を考えなさい．

(2)花の器官でクラスA～Cのすべての遺伝子が働かない場合はどのような器官が形成されるか．

第11章の参照文献

Nakagawa H, Jiang C-J, Sakakibara H, Kojima M, Honda I, Ajisaka H, Nishijima T, Koshioka M, Homma T, Mander LN, Takatsuji H (2005) Overexpression of a petunia zinc-finger gene alters cytokinin metabolism and plant forms. Plant J 41: 512-523

Coen ES, Meyerowitz EM (1991) The war of the whorls: genetic interactions controlling flower development. Nature 353: 31-37

Mitsuda N, Iwase A, Yamamoto H, Yoshida M, Seki M, Shinozaki K, Ohme-Takagi M (2007) NAC transcription factors, NST1 and NST3, are key regulators of the formation of secondary walls in woody tissues of Arabidopsis. Plant Cell 19: 270-280

Koyama T, Mitsuda N, Seki M, Shinozaki K, Ohme-Takagi M (2010) TCP transcription factors regulate the activities of ASYMMETRIC LEAVES1 and miR164, as well as the auxin response, during differentiation of leaves in Arabidopsis. Plant Cell 22: 3574-3588

Narumi T, Aida R, Koyama T, Yamaguchi H, Sasaki K, Shikata, Nakayama M, Ohme-Takagi M, Ohtsubo N (2011) Arabidopsis chimeric TCP3 repressor produces novel floral traits in Torenia fournieri and Chrysanthemum morifolium. Plant Biotechnol 28: 131-140

Tanaka Y, Yamamura T, Oshima Y, Mitsuda N, Koyama T, Ohme-Takagi M, Terakawa T (2011) Creating ruffled flower petals in Cyclamen persicum by expression of the chimeric cyclamen TCP repressor. Plant Biotechnol 28: 141-147

Hattori Y, Nagai K, Furukawa S, Song XJ, Kawano R, Sakakibara H, Wu J, Matsumoto T, Yoshimura A, Kitano H, Matsuoka M, Mori H, Ashikari M (2009) The ethylene response factors SNORKEL1 and SNORKEL2 allow rice to adapt to deep water. Nature 460: 1026-1030

第12章　光合成能力を高める

12-1.　光合成の概要

光合成とは植物が光エネルギーを利用してCO_2と水から有機物を合成する過程をいう．光合成は2つの過程から成り，はじめに明反応で光エネルギーを還元された電子伝達体（NADPH）とATPの形の化学エネルギーに変換し，次に暗反応で光を使わずにATP，NADPH，CO_2を利用して糖質を産生する．光合成の全過程をまとめると図12.1の式になる．両辺にH_2Oがあるが，左辺のH_2Oの酸素原子はすべて酸素になり，右辺のH_2Oの酸素原子はCO_2に由来するので，両辺のH_2Oを打ち消すことは適切ではない．

$$6CO_2 + 12H_2O \rightarrow C_6H_{12}O_6 + 6O_2 + 6H_2O$$

図12.1　光合成の全反応のまとめ

12-2. 光合成の3種の型

光合成（の暗反応）は大きく分けて3種の型に分けられる．一般の多くの植物が行う光合成はC_3型光合成といい，気孔から取り込んだCO_2はルビスコ：RuBisCO（リブロース1,5-ビスリン酸カルボキシラーゼ/オキシゲナーゼ：ribulose 1,5-bisphosphate carboxylase/oxygenase）という酵素によってリブロース1,5-ビスリン酸(RuBP)と反応して3-ホスホグリセリン酸(PGA)に変換されてカルビン回路（図12.2）に取り込まれる．このPGAが炭素3つから成る化合物であるためにC_3型光合成と呼ばれており，この光合成を行う植物はC_3植物と呼ばれている（図12.3.）．PGAはカルビン回路を経て糖やデンプンになる経路とリブロース1,5-ビスリン酸を再生する経路に分配される．ちなみに，RuBisCOは地球上で最も多量に存在する酵素といわれている．RuBisCOは言うまでもなく炭酸固定の鍵酵素であるが，オキシゲナーゼ活性も持っているためO_2とも反応（光呼吸）する．この際にATPとNADPHが消費される．さらに，RuBisCO

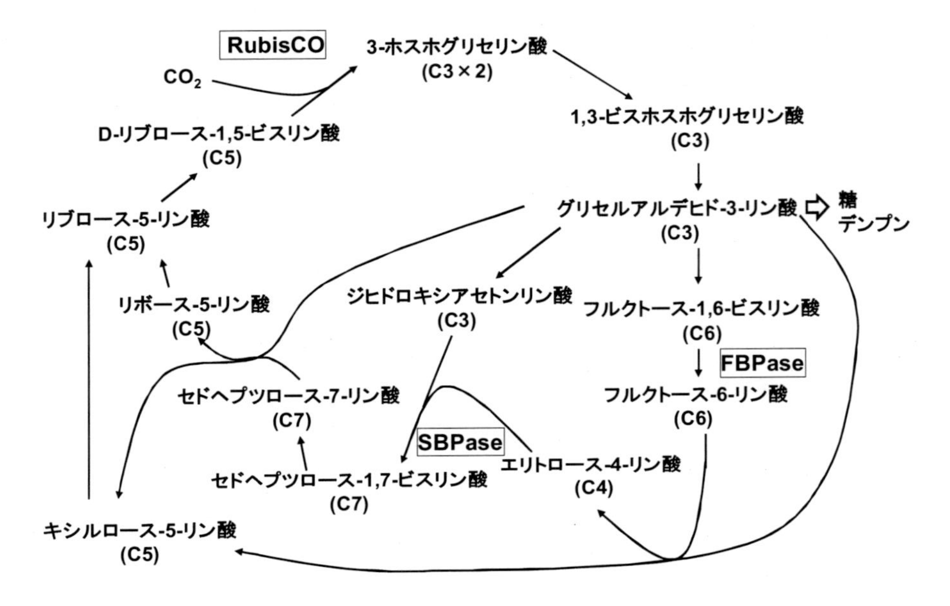

図 12. 2　カルビン回路
括弧内は，各代謝物の炭素数を示す

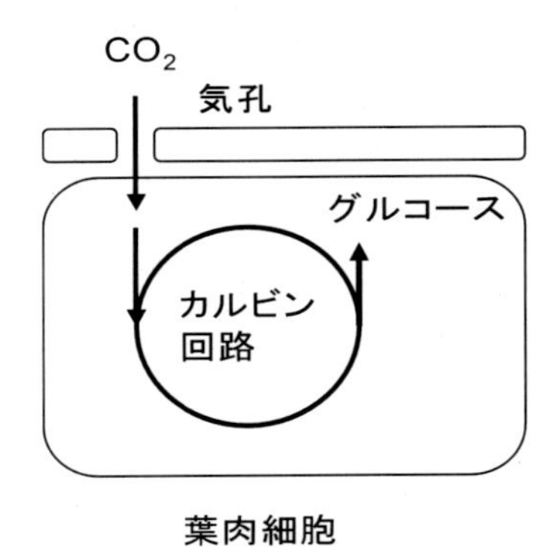

図 12. 3　C_3光合成経路

の CO_2 取り込み活性は低いため，光合成反応の律速になっており，RuBisCO をより高活性化できれば光合成能力の増大が可能だと考えられている．また，気孔においては 1 分子の CO_2 を取り込むのに500分子の水を失うといわれており，RuBisCOの高活性化は水の蒸散量の低下につながることから耐乾性の向上にも関係する．実際に，ランダム変異を挿入したシアノバクテリア Synechococcus PCC7492 の RubisCO 遺伝子を大腸菌内で発現させて高活性の系統を選抜することで，野生型の5倍の活性を示すRubisCO変異体が得られている(Parikh et al. 2006)．

一方で，サトウキビやトウモロコシなどの一部の植物は，取り込まれた CO_2 は葉肉細胞のPEPC（ホスホエノールピルビン酸カルボキシラーゼ）という酵素によって炭素4つから成る化合物であるオキサロ酢酸（OAA）に変換するので C_4 植物と呼ばれる（図12.4）．また，この光合成を C_4 型光合成という．C_4 型光合成では，C_4 化合物として取り込んだ炭素を濃縮して維管束鞘に送り，脱炭酸してカルビン回路に供給するため．PEPCはオキシゲナーゼ活性を持たない．低 CO_2 条件でも CO_2 を固定できる．地球の大気中の CO_2 濃度は太古の時代から比較すると大幅に低下してきており，このような低 CO_2 環境に C_3 植物が適応して進化した結果として C_4 植物が誕生したと考えられている．C_4 型光合成回路の働きで CO_2 を濃縮するため C_3 植物の約2倍の光合成能力を発揮する．従って C_3 植物に C_4 型光合成回路を付与することができれば，C_3 植物の光合成能力を改良できると期待されている．

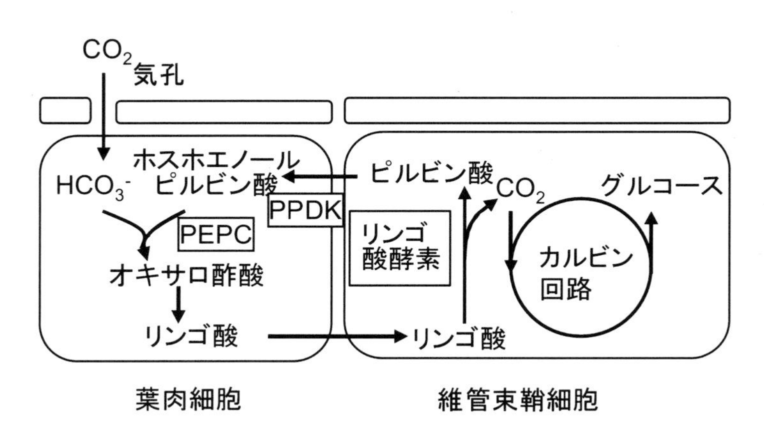

図12.4　C_4 型光合成経路

もう一つの光合成の仕組みは，サボテンやベンケイソウ科の多肉植物などに代表される Crassulacean Acid Metabolism（CAM）植物が行うCAM型光合成である．乾燥に強い植物といえば，誰もが真っ先にサボテンを思い浮かべるであろう．では，サボテンはなぜ乾燥に強いのだろう．それはサボテンのもつ特殊な光合成システムによるところが大きい．植物が昼間に CO_2 を吸収しようとして葉の気孔を開くと，水が蒸発して失われてしまう．従って CO_2 は吸収したいが，水分は蒸発させたくないというジレンマがある．このようなジレンマを解消するために，蒸散を抑えられる夜間に気孔を開いて CO_2 を吸収して貯蔵しておき，昼間は気孔を開かずに水の蒸散を抑えて貯蔵した CO_2 で光合成する植物が進化して表れた．これがCAM植物である．CAM型光合成では，夜間に取り込んだ CO_2 はリンゴ酸などの有機酸の形で細胞内に貯蔵され，昼間に光合成を行う際には CO_2 に戻されて利用される．この仕組みは，C_4 型光合成と似ている．C_4 光合成では，葉肉細胞で取り込んだ CO_2 を有機酸のかたちで維管束鞘細胞に輸送して濃縮し，そこで CO_2 を取り出してカルビン回路に送ったが，CAM型光合成では，同じことをひとつの細胞で夜と昼に分業して行っているのである（図12.5）．従って，普通の植物（C_3 植物）に遺伝子組換えによってこの光合成システムを導入できれば乾燥に強い植物が作出できると考えられる．しかしながら，C_3 植物の C_4 植物化が困難であるのと同様に C_3 植物のCAM植物化も関連遺伝子の導入だけでは達成できていない．仮に，CAM型光合成を行う耐乾性植物を分子育種できたとしても，今あるCAM植物と同様に生長量が低下することが予想される．サボテンと同じ生育スピードの植物ならばわざわざ遺伝子組換えで創る意味はなくなってしまう．従って，耐乾性の分子育種では一定の生長量を確保する仕組みや別の戦略も考える必要があるだろう．

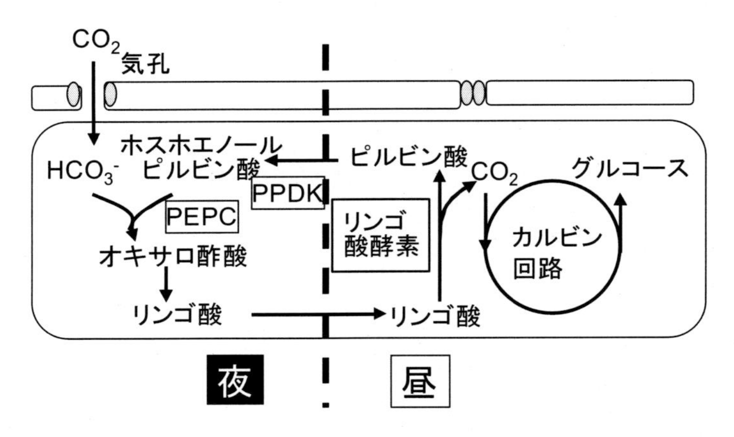

図12.5　CAM型光合成経路

12-3. C_3型光合成経路の強化

RuBisCO の CO_2取り込み活性は低いため，光合成反応の律速になっている．そこで，植物体の RuBisCO の生産量を増加させれば植物全体の光合成活性が増加する可能性が考えられる．Suzuki et al. (2007)は，イネに RuBisCO のスモールサブユニット（rbcS）遺伝子を導入したところ，rbcS に加えてラージサブユニット（rbcL）の mRNA とタンパク量が増加した．しかしながら，光合成速度は変化しなかった．このことから，単に RuBisCO タンパク質を増加させても何らかの制御が働き，CO_2 取り込み量は増加しないことが考えられる．一方で，RuBisCO を他の植物や微生物由来の RuBisCO に置き換えることで，CO_2取り込み効率や光飽和点が上昇すると推測されている（Zhu et al. 2004）．Parikh et al. (2006)は，大腸菌内で *Synechococcus* PCC6301 の RuBisCO の大サブユニット (rbcL) とランダム変異させた小サブユニット (rbcs) を共発現させて，野生型の 5 倍の活性を持つ変異型酵素を選抜している．Greene et al. (2007) も，*Synechococcus* PCC6301 の RuBisCO を人工的に進化させて（突然変異を起こして）効率のよい RuBisCO を作出することに成功している．

三つの光合成の型に共通し，光合成の暗反応で主要な役割を果たすカルビン回路には多数の酵素が関係しており，律速になっていると考えられる酵素が存在する．これらの酵素活性を強化することは光合成能力＝CO_2固定能力の増大になると考えられ，様々な研究が行われている．

Miyagawa et al. (2001)は，カルビン回路の律速段階のひとつと考えられているフクルクトース-1,6-二（ビス）リン酸化酵素（FBPase，図 12.2 参照）の強化によって，光合成能力の増強に成功したと報告している．FBPase 遺伝子を強化したタバコでは，野生型のタバコと比較して光合成速度が 1.5 倍程度に上昇し，生育量も 1.5 倍程度になった．セドヘプツロースビスホスファターゼ（SBPase，図 12.2 参照）を強化したイネでは恒温ストレス下での光合成活性の増強（Feng et al. 2007），この酵素遺伝子を過剰発現するタバコでは，CO_2固定量の増加とそれに伴う収量/バイオマス量の増加（Rosenthal et al. 2011）が報告されている．カルビン回路や他の光合成関連の酵素についても，過剰発現により光合成活性を増大させるという報告があるが，実際に圃場レベルで検証した例はほとんどない．これらの組換え体で，植物個体や群落としてのパフォーマンス（収量やバイオマス生産量）が本当に向上するかどうかや特定の酵素を増強することで代謝経路のバランスが崩れて何らかの悪影響が生じないかという懸念もあるため，今後のさらなる研究が待たれる．

12-4. C_3型光合成植物のC_4型光合成植物化

既に述べたように，C_3植物にC_4型光合成回路を付与することができれば，C_3植物の光合成能力を改良できると期待されている．そこで，C_4型光合成回路の鍵遺伝子をC_3植物に導入する研究が行なわれている．

農業生物資源研究所では，トウモロコシのホスホエノールピルビン酸カルボキシラーゼ（PEPC）遺伝子を導入して，組換えイネのPEPC活性をトウモロコシの2～3倍（イネの40～100倍）に増大させることに世界で初めて成功した(Ku et al. 1999)．CO_2補償点の測定から，高いPEPC活性を示す組換えイネでは炭酸固定効率が増大していることがわった．また，組換えイネでは，C_3植物に特徴的な酸素による光合成阻害が緩和されていた．しかし，一連のC_4型光合成回路を駆動させるためには，PEPCの他に，ピルビン酸，Piジキナーゼ（PPDK），NADPリンゴ酸酵素（NADP-ME）の最低３種類の酵素を導入する必要がある（図12.3）．彼らは，トウモロコシのPPDK遺伝子もイネに導入して，イネのPPDK活性を40倍に増強することにも成功した(Fukayama et al. 2001)．この組換えイネでは光合成活性が増強しており，PEPCとPPDKを同時に強化した組換えイネでは，さらに光合成能力が高まっていた(Ku et al. 2001)．

一方で，三井化学（株）は，C_4型光合成の鍵酵素のひとつであるリンゴ酸酵素を増強したイネを作出したと報告している(Takeuchi et al. 2000)．しかし，この組換えイネでは葉緑体に異常が認められ，そのため光合成活性は逆に低下した．このことから，単純にC_4型光合成遺伝子の一部を導入するだけではC_3植物の光合成をC_4型にすることは困難であると考えられる．各酵素の働く場所やタイミング，活性のバランスなどを最適化する必要があると考えられる．

第12章の演習問題

（1）C_3型，C_4型，CAM型光合成について，比較しながら説明しなさい．

（2）C_3型光合成とCAM型光合成を併用するには，どのような遺伝子をどのように制御して導入すればよいか．

第12章の参照文献

Ku MS, Agarie S, Nomura M, Fukayama H, Tsuchida H, Ono K, Hirose S, Toki S, Miyao M, Matsuoka M (1999) High-level expression of maize phosphoenolpyruvate carboxylase in transgenic rice plants. Nat Biotechnol: 17:76-80

Fukayama H, Tsuchida H, Agarie S, Nomura M, Onodera H, Ono K, Lee BH, Hirose S, Toki S, Ku MS, Makino A, Matsuoka M, Miyao M (2001) Significant accumulation of C_4-specific pyruvate, orthophosphate dikinase in a C_3 plant, rice. Plant Physiol 127:1136-1146

Suzuki Y, Ohkubo M, Hatakeyama H, Ohashi K, Yoshizawa R, Kojima S, Hayakawa T, Yamaya T, Mae T, Makino A (2007) Increased Rubisco content in transgenic rice transformed with the 'sense' rbcS gene. Plant Cell Physiol 48: 626-637

Zhu XG, Portis AR, Long SP (2004) Would transformation of C3 crop plants with foreign RuBisCO increase productivity? A computational analysis extrapolating from kinetic properties to canopy photosynthesis. Plant Cell Environ 27: 155-165

Parikh MR, Greene DN, Woods KK, Matsumura I (2006) Directed evolution of RuBisCO hypermorphs through genetic selection in engineered *E coli*. Protein Eng Des Sel 19: 113-119.

Greene DN, Whitney SM, Matsumura I (2007) Artificially evolved Synechococcus PCC6301 Rubisco variants exhibit improvements in folding and catalytic efficiency. Biochem J 404: 517-524

Feng L, Wang K, Li Y, Tan Y, Kong J, Li H, Zhu Y (2007) Overexpression of SBPase enhances photosynthesis against high temperature stress in transgenic rice plants. Plant Cell Rep 26: 1635-1646

Rosenthal D, Locke A, Khozaei M, Raines C, Long S, Ort D (2011) Over-expressing the C3 photosynthesis cycle enzyme sedoheptulose-1-7 bisphosphatase improves photosynthetic carbon gain and yield under fully open air CO2 fumigation (FACE). BMC Plant Biol 11: 123

Ku MS, Cho D, Li X, Jiao DM, Pinto M, Miyao M, Matsuoka M (2001) Introduction of genes encoding C4 photosynthesis enzymes into rice plants: physiological consequences. Novartis Found Symp 236:100-111

Takeuchi Y, Akagi H, Kamasawa N, Osumi M, Honda H (2000) Aberrant chloroplasts in transgenic rice plants expressing a high level of maize NADP-dependent malic enzyme. Planta 211:265-274

Parikh MR, Greene DN, Woods KK, Matsumur I (2006) Directed evolution of RuBisCO hypermorphs through genetic selection in engineered *E coli*. Protein Eng Des Sel 19: 113-119

Miyagawa Y, Tamoi M, Shigeoka S (2001) Overexpression of a cyanobacterial fructose-1,6-/sedoheptulose-1,7-bisphosphatase in tobacco enhances photosynthesis and growth. Nat Biotechnol 19:965-969

第 13 章　環境を改善する

13-1. 植物による環境浄化（ファイトレメディエーション）

植物によって環境を浄化することをファイトレメディエーションという．古くは，ヨシやアシによる湖水の窒素やリンの吸収の例のように，古くから植物による水環境の浄化能力が知られている．また，アブラナ科植物には重金属を高蓄積する植物（ハイパーアキュミレーター）が多いことが知られている．遺伝子組換え技術を利用すれば，植物の汚染物質を浄化する能力をさらに強化したり，新たな浄化能力を付与することも可能である．組換え植物をファイトレメディエーションに利用する研究も多数行なわれている（表 13.1）．

遺伝子組換え植物は，組換え微生物の場合と異なり，既に米国をはじめ多数の国で実用化され，広大な面積で野外栽培されている．また，その面積は年々拡大している．しかし，その多くは除草剤や害虫に耐性の農作物であり，ファイトレメディエーション用に開発された組換え植物の実用化例はまだない．しかしながら，近い将来に有効なファイトレメディエーション法として利用されると考えられる．

13-2. 重金属の浄化

重金属は分解できないため，微生物によって吸収や吸着した場合には，重金属を蓄積した微生物の回収が課題となる．それに比較して，植物に吸収蓄積した重金属は植物体を収穫すること汚染された土壌や水から回収することが可能である（図 13.1）．さらに，収穫物を焼却して灰から適切な方法で重金属を回収することも可能である．

13-2-1. メタロチオネインの発現によるカドミウムの蓄積

メタロチオネイン（MT）は，微生物から動植物まで広い範囲の生物がもつ重金属結合タンパク質である．生体内に入った重金属も少量であれば MT により無毒化される．

表13.1 ファイトレメディエーションに利用可能な組換え植物(抜粋)

形質	導入遺伝子:遺伝子の由来	宿主植物	効果
重金属	MT(メタロチオネイン)2:ヒト	タバコ、ナタネ	Cd耐性
	MT1:マウス	タバコ	Cd耐性
	MTA:エンドウ	ｼﾛｲﾇﾅｽﾞﾅ	銅蓄積
	CUP-1:酵母	カリフラワー	Cd蓄積
	γ-Glutamylcysteine synthetase:大腸菌	カラシナ	Cd耐性
	Glutathione synthetase:イネ	カラシナ	Cd耐性
	Cysteine synthetase:イネ	タバコ	Cd耐性
	CAX-2 (vacuolar transporters) :ｼﾛｲﾇﾅｽﾞﾅ	タバコ	Cd, Ca, Mn蓄積
	MHX:シロイヌナズナ	タバコ	Mg, Zn耐性
	CBP4:タバコ	タバコ	Ni耐性, Pb蓄積
	Glutathione-S-transferase:タバコ	ｼﾛｲﾇﾅｽﾞﾅ	Al, Cu, Na耐性
	Zn transporters ZAT:シロイヌナズナ	ｼﾛｲﾇﾅｽﾞﾅ	Zn蓄積
	Arsenate reductase:バクテリア γ-Glutamylcysteine synthetase	カラシナ	As耐性
	Znt (A-heavy metal transporters):大腸菌	ｼﾛｲﾇﾅｽﾞﾅ	Cd, Pb耐性
	ATP sulfurylase CAPS	カラシナ	Se耐性
	Cystathione-γ synthase (CGS)	カラシナ	Se気化
	Glutathione-S-transferase peroxidase	ｼﾛｲﾇﾅｽﾞﾅ	Al耐性
	Glutathione reductase	カラシナ	Cd蓄積
	ACC-deaminase:バクテリア		各種金属耐性
	YCF1:酵母	ｼﾛｲﾇﾅｽﾞﾅ	Mg, Pb耐性
	Phytochelatin synthase (Ta PCS):ｵｵﾑｷﾞ	タバコ	Pb蓄積
	merA, merB:バクテリア	タバコ	有機水銀(PMA)耐性
	ポリリン酸:バクテリア	タバコ	Hg耐性
農薬など	Cytochrome P450(CYP76B1):H. tuberosus		除草剤(phenylureas)代謝
	Cytochrome P450(CYP71A10):ダイズ		除草剤(phenylureas)代謝
	Cytochrome P450(CYP81B2, CYP71A11):タバコ		除草剤(Chlortoluron)代謝
	Cytochrome P450(CYP105A1): バクテリア(S. griseolus)		除草剤(Sulfonylureas)代謝
	Cytochrome P450(CYP1A1):ヒト		各種除草剤
	Cytochrome P450(CYP2B6):ヒト		各種除草剤・殺虫剤
	Cytochrome P450(CYP2C19):ヒト		各種除草剤
	Cytochrome P450(CYP2E1):ヒト		揮発性有機化合物
気体	ﾎﾙﾑｱﾙﾃﾞﾋﾄﾞﾃﾞﾋﾄﾞﾛｹﾞﾅｰｾﾞ:ｼﾛｲﾇﾅｽﾞﾅ,ﾎﾟﾄｽ	ｼﾛｲﾇﾅｽﾞﾅ	ﾎﾙﾑｱﾙﾃﾞﾋﾄﾞ耐性・分解
	ﾍｷｿｰｽｰ6-ﾘﾝ酸合成酵素 ﾍｷｿｰｽｰ6-ﾘﾝ酸ｲｿﾒﾗｰｾﾞ:バクテリア	ｼﾛｲﾇﾅｽﾞﾅ	ﾎﾙﾑｱﾙﾃﾞﾋﾄﾞ耐性・分解
	Nitrite reductase:ホウレンソウ	ｼﾛｲﾇﾅｽﾞﾅ	NO_2代謝能力向上
	antisense ACC synthase:タバコ	タバコ	O_3耐性、吸収量増大

MTは動物の分野では非常に研究が進んでおり，典型的なMTは60個のアミノ酸残基の低分子タンパク質で，そのうち3分の1の20個がシステイン残基であることが知られている．MTはそのタンパク質に含まれるシステインのメルカプト基(-SH)に重金属の銅(Cu^{2+})，亜鉛(Zn^{2+})，カドミウム(Cd^{2+})イオンを結合することが知られており，その結合数は，タンパク質1分子あたり銅ならば11個，亜鉛やカドミウムならば7個と報告されている．また，活性酸素であ

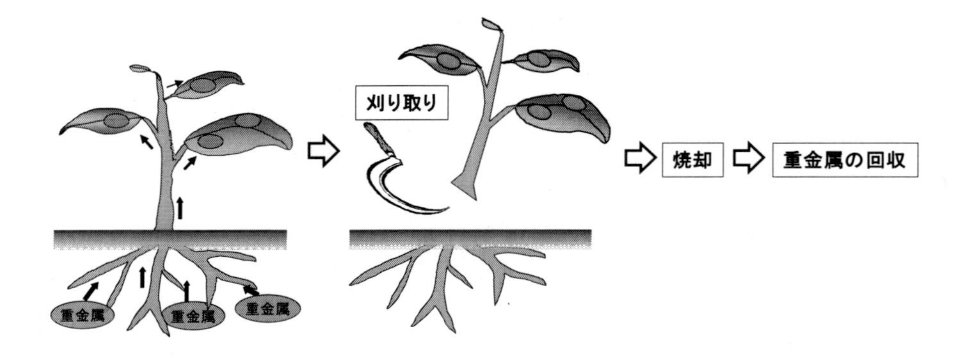

図 13.1　重金属のファイトレメディエーション

るヒドロキシルラジカルの消去に優れていることが報告されており，生理的には，重金属の恒常性維持や解毒作用の他に，酸化ストレス耐性に関与することが報告されている．一方で，植物の MT は，タンパク質の大きさ，システインの含有率などは動物の MT に似ているが，両者のアミノ酸配列には有意な相同性はない．また，植物 MT も重金属を結合し得ること，ある種のストレスにより誘導されることなども報告されている．

（財）電力中央研究所は，アポプラスト（細胞間隙：細胞壁を含む細胞膜の外側の部分）に移行するためのシグナルペプチドをつないだ MT をタバコで発現させたところ，根でカドミウムの蓄積能力が高まったと報告している．10，20，50 μM のカドミウムを含む土壌で育てた組換えタバコの根中のカドミウム含量は，コントロールの 1.5～2.5 倍であった．また，非組換え植物に比べて生育量も有意に大きく，カドミウム耐性も向上していた．この組換え植物ではメタロチオネインに結合して無毒化したカドミウムをさらにアポプラストに隔離することで，細胞に対する毒性の発揮を抑制していると考えられる（図 13.2）．

13-2-2. ファイトケラチンやその他のタンパク質

同様に，植物が特有の重金属結合タンパク質であるファイトケラチンや他の重金属結合タンパク質を高発現させることで重金属を高蓄積する植物を作ることができる．ファイトケラチンは，（γ-Glu-Cys)nGly(n=2～11)の構造をもつ低分子のペプチドで，有害重金属の無毒化や必須重金属の細胞内濃度調節に役だっている．メタロチオネインと同様に，分子内に多数存在するシステイン残基のSH基の働きで重金属をキレート化する．また，金属トランスポーターの発現により，重金属を効率的に細胞内に取り込んで液胞や細胞間隙（アポプラスト）などに隔離することでも，重金属の吸収と蓄積が可能になると考えられる．

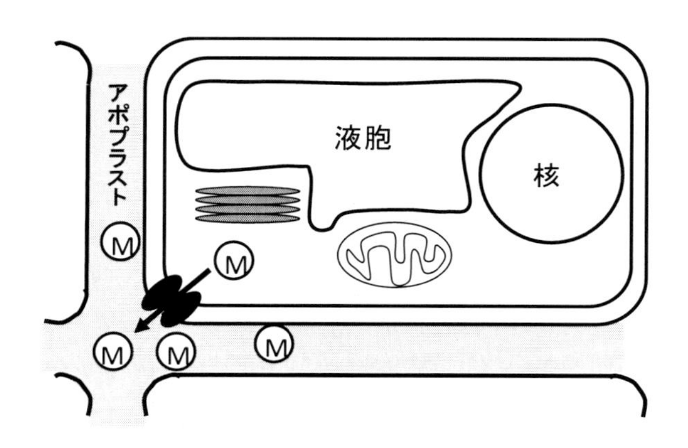

図13.2　重金属のアポプラスとへの隔離
細胞間隙（アポプラスト）に重金属（M）を隔離することで，重金属の毒性から細胞を守る．

13-2-3. *mer*の発現による水銀浄化植物

水銀は水俣病の原因にもなった猛毒の重金属である．水銀イオンやメチル水銀などの有機水銀は体内に入ると重篤な健康障害を引き起こすため，水銀の浄化は重要である．微生物にはいくつかの水銀耐性菌の存在が知られており，水銀耐性（*mer*）オペロン*をもっている．この*mer*オペロンの遺伝子を利用して，有毒な水銀イオンや有機水銀を，より毒性の低い金属水銀に還元する植物の作出が行なわれている．有機水銀はmerをもつ微生物によって2段階の反応でゼロ価の金属水銀に変換される（図13.3）．金属水銀は気体であるため，気化して大気中で無限希釈される．この反応で有機水銀は，まずorganomercurial lyase（merB）により二価の水銀イオンに変換され，次に水銀還元酵素（mercuric reductase：merA）によりゼロ価の金属水銀に還元される．

従って，植物に*merA*遺伝子を導入することによって二価の水銀を金属水銀に還元して葉から気化・放出させることができる．有機水銀を対象とする場合は*merA*，*merB*の両方を発現さ

$$R\text{-}CH_2\text{-}Hg^+ \ + \ H^+ \quad \rightarrow \quad R\text{-}CH_3 \ + \ Hg(II)$$

（有機水銀）　　　　　　　　　　　　（二価水銀）

$$Hg(II) \ + \ NADPH \quad \rightarrow \quad Hg(0) \ + \ NADP^+ \ + \ H^+$$

（金属水銀：0(ゼロ)価）

図 13.3　水銀の還元

せる．このように，微生物と植物の両方で同様の反応機構により水銀の浄化が可能である．しかし，大気中への水銀の放出は無限希釈されるといっても土壌や水の代わりに大気を汚染することになるため，近年では水銀イオンのまま蓄積させる研究が行われている．有害な二価水銀を細胞内に蓄積しても毒性を発揮させないためには，水銀イオンをポリリン酸と結合させて無毒化する方法がある．この場合は *merA* を導入せずに，微生物由来の *poly phosphate kinase (PPK)* の遺伝子を導入することでポリリン酸が合成され，水銀イオンをトラップする．さらに，*PPK* と *merB* を同時に導入すれば有機水銀を二価水銀に変換して蓄積することが可能である．また，ポリリン酸を蓄積する植物は，枯渇が心配されていると同時に富栄養化の原因物質でもあるリンを環境中から回収する方法としても利用できる可能性も有している．

*オペロン：原核生物のゲノム中で，一つの形質を発現させるための複数の遺伝子の集合した領域．例としてラクトースオペロンなどがある．

13-2-4．葉緑体形質転換による水銀浄化植物

13-2-2 で用いた *merA, merB* の遺伝子をタバコの核ゲノムではなく葉緑体に導入し，200 μM の有機水銀（phenylmercuric acetate ：PMA）に耐性の植物を作出し，水銀を吸収させることができることが報告されている（Ruiz et al. 2003）．ちなみに，非組換えのタバコは 100 μM の PMA で枯死した．核ゲノムの形質転換の場合には，一細胞に一つしか導入遺伝子は存在しないが，葉緑体の形質転換の場合には，コピー数（細胞あたりの葉緑体の数）が多いために多量の遺伝子産物（この場合は *merA, merB* に由来する mercuric reductase と organomercurial lyase）を発現できる．また，葉緑体は母性遺伝（3-8-2．参照）をするために，導入遺伝子が

交配を通じて他の植物に拡散するのを防ぐことができる．しかし，葉緑体の形質転換は，タバコやレタスなど一部の植物でしか成功していないことが課題である．

13-2-5. 酵母の重金属耐性の利用

酵母のもつタンパク質 YCF1 は，カドミウムを液胞に輸送して隔離することで無毒化する機能をもつ．この遺伝子を導入したシロイヌナズナは，カドミウム Cd(II)に加えて，鉛 Pb(II)にも耐性を示すとともに，野生型と比べて両金属を多量に蓄積することができた．従って，このような組換え植物を利用して鉛とカドミウムのファイトレメディエーションが可能になると考えられる（Song et al. 2003）．

13-3. 農薬の分解

動植物は体内で様々な化合物を代謝するための各種酵素をもっている．その中でもシトクロム P450（Cytochrome P450，CYP と呼ばれることも多い）は水酸化酵素ファミリーの総称で，様々な基質を水酸化（酸化）する．Cytochrome P450 は約 500 アミノ酸残基からなり，活性部位にヘムを持つ．ヒトには 57 種，イネには 400 種程度の *Cytochrome P450* 遺伝子がある．ヒトの肝臓では有毒な化合物を水酸化することで解毒するが，その他にもステロイドホルモンの生合成，脂肪酸の代謝や植物の二次代謝産物の生合成など，様々な反応に関与している．

Cytochrome P450 は各種の農薬を基質とするものがあることが知られており，ヒトやバクテリア，植物の Cytochrome P450 を発現する組換え植物が，phenylureas，chlortoluron，sulfonylureas などの除草剤や各種殺虫剤成分を分解できることが報告されている．このような組換え植物を利用することで，土壌中の残留農薬の浄化に役立てることができると考えられる．また，天然の Cytochrome P450 をそのまま発現させるのではなく，酵素に変異を導入して触媒活性や基質特異性を変化させて，様々な化合物をより効率的に代謝させる研究も行われている．

13-4. 空気の浄化

植物は，土壌や水環境だけではなく，大気の浄化も行うことができる．新築の建物などで建材から揮発するホルムアルデヒドなどの化学物質が原因で体調不良，めまい，吐き気などの症状が引き起こされるシックハウス症候群が問題となっている．その原因物質であるホルムアルデヒド等の浄化能力を高めた組換え植物の開発が行なわれている．植物は，本来少量であれば様々な化学物質を気孔から取り込んで吸収・代謝する能力を有している．遺伝子組換え技術を利用してこの能力を高めることで実用的な空気浄化植物が作出できる可能性がある．

植物を含む生体内では，ホルムアルデヒド（HCHO）はグルタチオン（GSH）と反応してS-hydroxymethylglutathione が非酵素的に生成される．S-hydroxymethylglutathione は，ホルムアルデヒドデヒドロゲナーゼ（FALDH）によって S-formylglutathione に変換され，さらに S-formylglutathion hydrase と formate dehydrogenase によって二酸化炭素へと分解される（図 13.4）．これまでに，シロイヌナズナの FALDH を過剰発現することで，液相中の HCHO を分解する能力が高まることが報告されている（Achkor et al. 2003）．同様に，観葉植物のポトスの FALDH をシロイヌナズナで過剰発現させることで，密閉されたチャンバーのホルムアルデヒドを浄化する能力が高まること，ゴールデンポトスの FALDH 活性がシロイヌナズナの FALDH 活性と比較して同等以上であることが報告されている（Tada and Kidu 2011）．

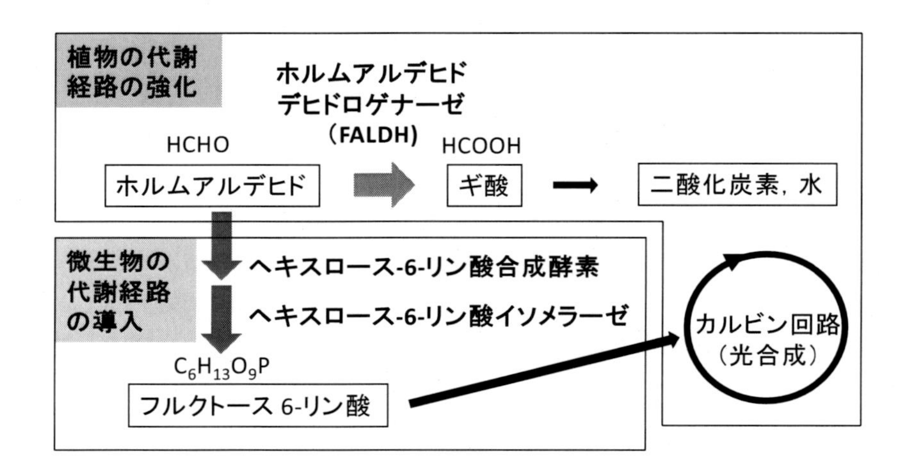

図 13.4　ホルムアルデヒドの代謝経路の強化と改変

一方で，植物がHCHOなどの低分子化合物や有機物を浄化するだけでなく，炭素源として利用できれば一石二鳥であり，そのような研究も行われている．京都大学の加藤教授と近畿大学の泉井教授らは，HCHOを吸収・資化する組換え植物を開発した（Chen et al. 2010）．メタノール資化性細菌のもつリブロースモノリン酸経路の2種の酵素であるヘキスロース-6-リン酸合成酵素(HPS)とヘキスロース-6-リン酸イソメラーゼ(PHI)を発現するシロイヌナズナでは，HCHOがフルクトース 6-リン酸（F6P）に転換されて，これがカルビン回路に供給されるためHCHOが炭素源として利用される（図13.4）．この組換え植物は，有害なHCHOを吸収するだけではなく，炭素源として有効利用でき，その結果として通常のシロイヌナズナが枯死する濃度のホルムアルデヒドに耐性になった．

13-5. 環境モニタリング植物（センサー植物）

13-5-1. バイオセンサーとしての植物

植物は，環境汚染の浄化だけでなく，環境汚染を感知するセンサーとしても利用できることが報告されている．例えば，アサガオの品種スカーレットオハラは，一定濃度以上の光化学オキシダントによって，濃度依存的に葉の白化が認められることから，光化学オキシダントのモニタリング生物として有用であることが報告されている．また，マツの葉の気孔の詰まり具合を顕微鏡で観察することで大気汚染の程度を調べることができることは有名である．

このような植物が元来持っている機能の利用に加えて，遺伝子組換え技術を利用して，汚染物質を感知して花や葉の色を変える環境モニタリング植物（センサー植物）の研究が行なわれている（図13.5）．一般に，センサー植物の作出では，汚染物質に反応して働くプロモーターとレポーター遺伝子を組み合わせて導入する．レポーター遺伝子としては，各種の色素の合成酵素遺伝子や蛍光タンパク質遺伝子の利用が考えられる．

13-5-2. 農薬成分を感知して花色を変える植物

サントリー（株）と神戸大学の大川秀郎教授のグループは，土が汚染されている場合に通常とは異なる色の花をつける環境モニタリング植物の基礎技術を開発したと2003年に発表している. バーベナという植物の遺伝子を組換えて花の色を変える実験に成功した. 土中の有害物質を検知するセンサー技術と組み合わせて実用化のための研究を実施中である.

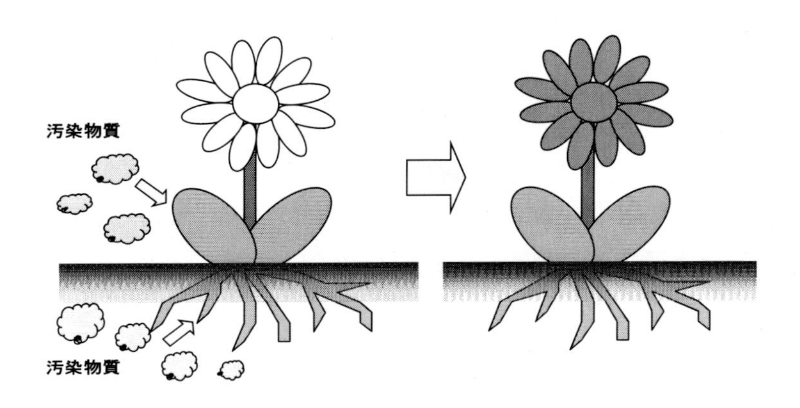

図 13. 5　環境モニタリング植物（センサー植物）のイメージ
汚染物質を根や葉で感知してレポーター遺伝子を発現させて花や葉の色を変える.

13-5-3. ダイオキシン類を感知する植物

　ダイオキシンは日本ではかつてゴミの焼却時や農薬の副次生成物として発生し, 大気, 土壌, 水圏を汚染した. 現在では, 焼却炉等の排出源対策によりダイオキシンの発生は低く抑えられているが, 微量でも毒性が強いために好感度で簡易な検出法が求められる.

　神戸大学の大川秀郎教授, (独) 農業生物資源研究所, (株) 豊田中央研究所, サントリー (株) のグループは, 動物のダイオキシン受容体 (AhR) と花色の抑制遺伝子を組合せてダイオキシン類をモニタリングする植物を開発した. この組換え植物では, 受容体にダイオキシンが受容されると花の色素を合成する遺伝子の働きが抑制される. この遺伝子を導入した花色が赤いペチュニアは, ダイオキシンが存在する土壌では白い花に変化した. 同様に, この遺伝子を導入したトレニアでは, 青い花がダイオキシンが存在する土壌では白くなった. また, 同グループは, 同様の手法で女性ホルモンを検知する植物も開発した. このようなモニタリング植物が実用化されれば, 特別な機器を必要とせず, 非破壊的かつ可視的に有害物質の発生・存在を検出できるために便利であろう.

13-5-4. 地雷を感知するセンサー植物

国連の推計では，世界の68カ国に1億1000万個以上の不発地雷が存在し，今なお毎月多数の人々が死傷している．地雷も人類が環境中に放出した一種の汚染物質と考えることもできる．

デンマークのAresa社は，遺伝子組換えした植物（シロイヌナズナ）を使って地中に埋められた見えない地雷を検知する技術を開発した．この組換え植物は，土中の地雷が発する二酸化窒素に反応して，葉が緑から赤に変わる．このセンサー植物の仕組みは，二酸化窒素に応答する遺伝子とアントシアニン合成に関係する遺伝子を組合せて利用することにある．この組換え植物の種子を飛行機から播けば，葉が赤くなった場所の土中に不発地雷があるということがわかる（図13.6）．Aresa社は，デンマークの陸軍と共同で2005年にこの地雷センサー植物の試験を行ない，3種の異なる型の地雷の上や近くに生育する植物の葉の色が変化することを確認した．また，クロアチアやアフリカでこの地雷センサー植物の試験を行なっており，期待通りに地雷の火薬に反応しても葉の色が変わったと発表している．実際の導入遺伝子は，誘導的に発現させた転写因子がプロモーターに結合することで色素の生合成が起こる仕組みになっていると考えられる．

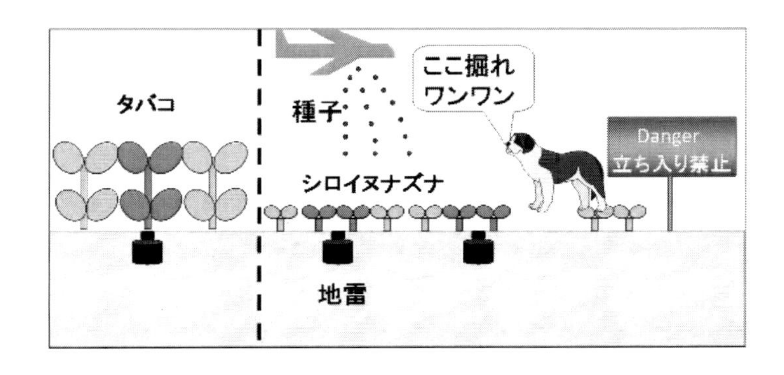

図13.6　地雷を感知するセンサー植物の開発と利用

しかし，シロイヌナズナの葉は3cm程度であり，赤くなっても遠いところから発見することは困難である．この問題を解決するためにより大きく成長する植物を利用して同様の研究が行われている．南アフリカのステレンボッシュ大学の研究者は，土中の地雷が発する二酸化窒素に反応して，およそ10週間で葉が緑から赤に変わるタバコを開発した．タバコは生長すると葉の長さが50cm以上，草丈が2m程度にもなる．このタバコも，すでに研究室と温室での実験に成功し，セルビアと南アフリカで圃場試験が行われた．

第13章の演習問題

(1) 植物は吸収したCdなどの毒性のある金属を細胞内に保持するために，どのような機構をもっているか説明しなさい．

(2) リン酸を蓄積する植物の利用法について考えなさい．

(3) あなたが「あったらいいな」と思うセンサー植物を挙げて，そのような植物を開発するために必要なプロモーターと遺伝子について説明しなさい．

第13章の参照文献

Kumar S, Jin M, Weemhoff JL (2012) Cytochrome P450-mediated phytoremediation using transgenic plants: A need for engineered cytochrome P450 enzymes. J Pet Environ Biotechnol 3:127

de Mello- Farias PC, Chaves ALS, Lencina CL (2011) Transgenic plants for enhanced phytoremediation - physiological studies, genetic transformation, MarÃ-a Alvarez (Ed.), ISBN: 978-953-307-364-4, InTech, DOI: 10.5772/24355.

電中研報告U02001「植物による環境修復2」

多田雄一 (2011) 環境バイオテクノロジー改訂版 三恵社 名古屋

Ruiz ON, Hussein HS, Terry N, Daniell H (2003) Phytoremediation of organomercurial compounds via chloroplast genetic engineering. Plant Physiol 132: 1344-1352

Song WY, Sohn EJ, Martinoia E, Lee YJ, Yang YY, Jasinski M, Forestier C, Hwang I, Lee Y (2003) Engineering tolerance and accumulation of lead and cadmium in transgenic plants. Nat Biotechnol 21: 914-919

Achkor H, Díaz M, Fernández MR, Biosca A, Parés X, Martínez MC (2003) Enhanced formaldehyde detoxification by overexpression of glutathione-dependent formaldehyde dehydrogenase from Arabidopsis. Plant Physiol 132: 2248-2255

Tada Y, Kidu Y (2011) Glutathione-dependent formaldehyde dehydrogenase from golden pothos (*Epipremnum aureum*) and the production of formaldehyde detoxifying plants. Plant Biotechnol 28: 373-378

Chen LM, Yurimoto H, Li KZ, Orita I, Akita M, Kato N, Sakai Y, Izui K (2010) Assimilation of formaldehyde in transgenic plants due to the introduction of the bacterial ribulose monophosphate pathway genes. Biosci Biotechnol Biochem 74: 627-635

大川 秀郎, 大川 安信, 小沢 憲二郎, 川東 広幸, 山田 幸生, 田中 良和 (2005) 環境浄化・モニタリング植物の開発新事業創出研究開発事業 (2004年度終了課題) 研究成果集 p9-12

Aresa社 http://www.aresa.dk/index.php?page=78

第 14 章　資源・エネルギー原料を生産する

14-1. 循環型社会の構築と植物バイオマス

18 世紀までの人類は，植物を中心とした再生可能な資源を利用して産業活動と生活を送っていた．しかし，19 世紀の産業革命以後，エネルギーと工業原料の供給の多くを有限な化石資源に依存するようになった．また，原料から各種化学製品を製造・精製する化学工業プロセスではエネルギーを大量に消費し，有害で危険な化学薬品も多量に使用している．このため，現在の化学工業プロセスは，資源の将来的な確保，エネルギー効率，環境負荷の点で大きな課題を残している．持続可能な生産活動のためには，再生可能な資源を開発して，エネルギー消費と廃棄物発生等を抑えた循環型社会を構築することが重要課題である（図 14. 1）．

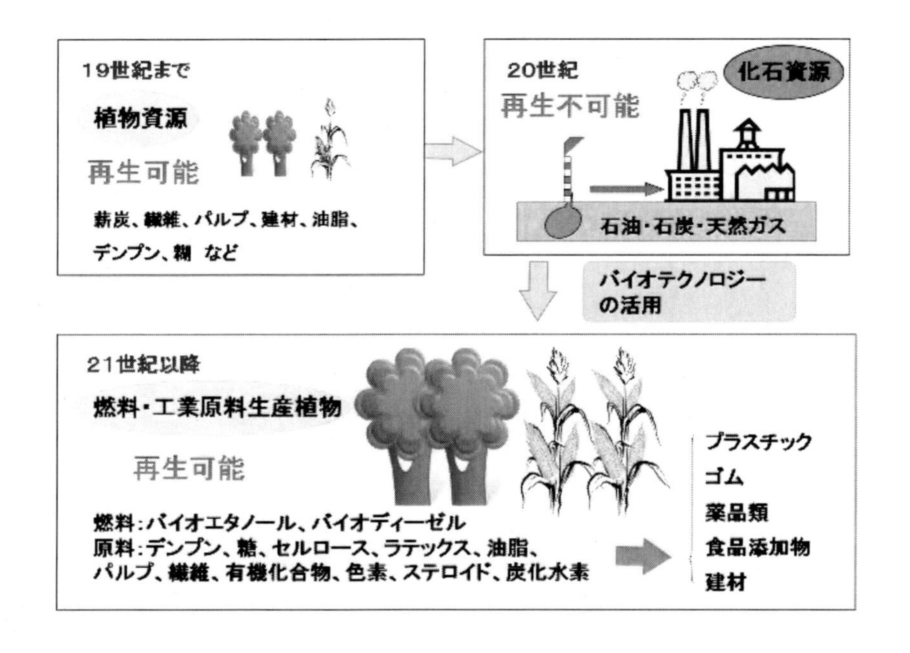

図 14. 1　再生可能資源を活用した循環型社会への道

その解決策のひとつとして，植物の物質生産機能を活用した再生可能な燃料や工業原料を生産する技術の開発を挙げることができる（図 14. 1）．すなわち，植物が生産する有機物質（バイオマス）を石油の代替として利用することで，石油資源の消費抑制を図ると同時に，光合成による炭酸ガス吸収量の拡大を図ることもでき，地球温暖化防止にも貢献できる．バイオマスであっても燃やせば二酸化炭素が発生することは化石資源と同じであるが，バイオマスは，もともと大気中にあった二酸化炭素を植物が固定して作られたものであり，バイオマスの燃焼や分解で生じる二酸化炭素は再度光合成でリサイクルされて固定されてバイオマスとなるので，結果として大気中の二酸化炭素を増加させない「カーボンニュートラル」という特性を有している（図 14. 2，図 14. 3）．

地球の受ける太陽エネルギーは，年間で 5. 5 x 10^{24} J であり，そのうち光合成で固定されるエネルギーは 3. 0 x 10^{21} J である（堂免 1999）．一方で世界のエネルギー消費量は，2. 9 x 10^{20} J である．従って，植物の固定するエネルギーのわずか 1 割で世界の全エネルギー消費をまかなうことが可能である．奈良先端科学技術大学院大学の新名惇彦教授は，植物の機能を遺

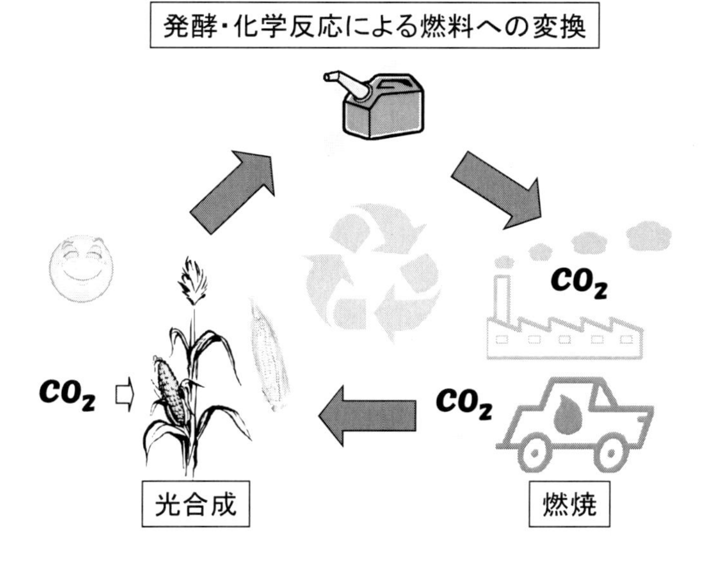

図 14. 2　バイオマスはカーボンニュートラル

伝子組換えで強化することでエネルギー消費分を増産できると常々述べられている. スタンフォード大の Somerville 教授による別の試算では, 人類が年間に使用しているエネルギーは 3.70 x 10^{20} J であり, このエネルギーはMiscanthus (ススキの仲間) のような生産性が高い植物を地球上の陸地のわずか3.2%で栽培することで賄えるとしている. このように, 計算上は植物バイオマスによる石油の代替は可能である. しかし, 実際には解決しなくてはならない技術上の課題が多々あることも事実である.

ここでは遺伝子組換えによるバイオマスの増産とバイオ燃料や工業原料となる植物の創製・改変に関する研究について紹介する.

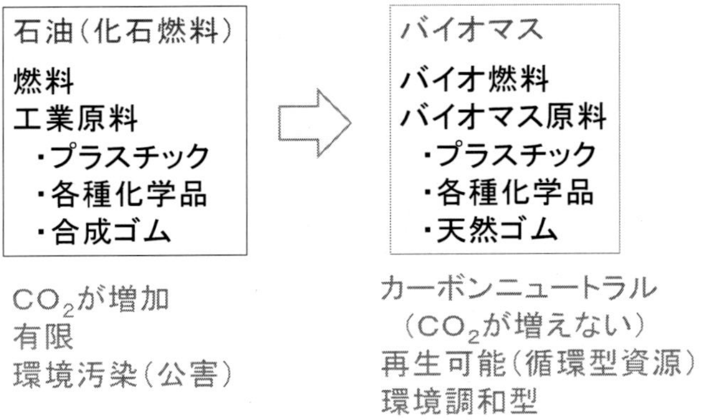

石油(化石燃料)
燃料
工業原料
・プラスチック
・各種化学品
・合成ゴム

バイオマス
バイオ燃料
バイオマス原料
・プラスチック
・各種化学品
・天然ゴム

CO_2が増加
有限
環境汚染(公害)

カーボンニュートラル
(CO_2が増えない)
再生可能(循環型資源)
環境調和型

図 14.3　バイオマスによる石油の代替

14-2. バイオマス燃料

バイオマス燃料には大きく分けるとバイオエタノールとバイオディーゼルがある. バイオエタノールは, バイオマス由来の糖を発酵によりエタノールに転換するという点で飲料用アルコールと同様にして生産する. バイオディーゼルは植物や微生物由来の油から生産する軽油である. どちらも植物バイオマスが主な原材料である.

エタノールは糖をアルコール発酵することにより生産されるが, 通常のバイオマスはデンプンやセルロースなどとして供給されるため, まずはこれらの炭水化物を糖に分解する必要がある．デンプンは，日本酒つくりにおける麹カビやビール醸造の麦芽の働きでグルコースに分解できる．一方，セルロースの糖化（分解）はデンプンほど容易ではない．セルロースの糖化も希硫酸を加えて加熱すなどの前処理や特殊な酵素の利用によって可能であるが，現時点では効率がよくない．デンプンもセルロースもブドウ糖がつながってできる多糖類で，分子式で書くと　$(C_6H_{10}O_5)n$　で同じであるが，もとになるブドウ糖の立体構造が異なる．デンプンはα-ブドウ糖(図 14. 4)が，１位と４位，または１位と６位の炭素で結合してできているが，セルロースはβ-ブドウ糖(図 14. 4)が１位と４位で結合してできている．このブドウ糖の構造の違いがデンプンとセルロースの性質に大きな違いをもたらしており，デンプンは比較的分解しやすいのに対して，セルロースは草食動物や特定のバクテリアやシロアリなど一部の生物しか分解できないし，一般に分解の効率も高くない．これらの生物の酵素の遺伝子を微生物に組込んで糖化酵素を生産させる研究が行なわれているが，現状ではまだコストが高い．従って，バイオ燃料の原料としてもセルロース系のバイオマスよりも糖やデンプンの方が利用しやすい．しかし，後述するように糖やデンプンをエタノールの原料として利用することは，食糧との競合によって食糧価格の高騰をもたらす．また，資源の有効利用の観点からも，セルロース系バイオマスを原料として利用するための研究が活発に行なわれている．

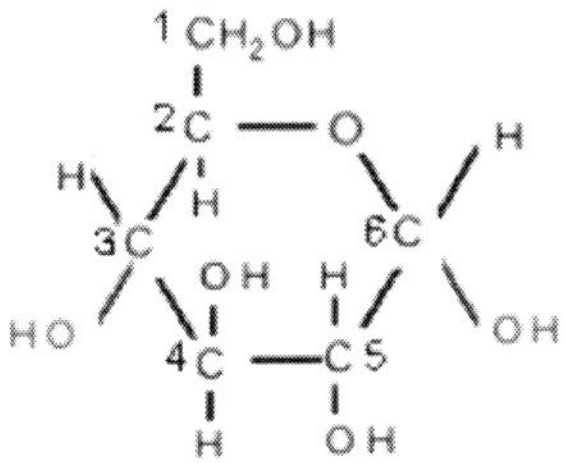

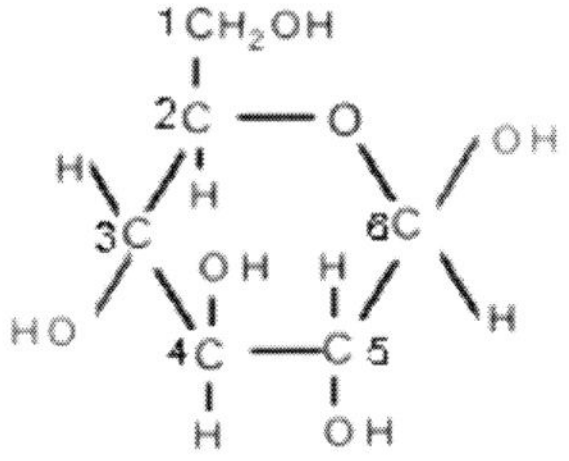

図 14. 4　α-ブドウ糖（左）とβ-ブドウ糖（右）

糖のアルコール発酵は次のような反応である．　$C_6H_{12}O_6 \rightarrow 2C_2H_5OH + 2CO_2$

バイオエタノールの生産では，飲料用のアルコールの生産で用いられる酵母の代わりに，醗酵に係わる酵素遺伝子を導入した組換え細菌などの酵素が使われることが多い．工業的な生産に最も早く取り組んだのはブラジルであり，1996 年にはサトウキビからエタノールを作り，その生産量は７MTOE(石油換算 700 万トン)にもおよび，このエタノールをガソリンに混入することにより自動車の燃料とした. 米国においても, トウモロコシから生産したエタノールをガソリンに 10%程度混入し, 通常のガソリンスタンドでエタノール入りのガソリンとして販売している.

バイオディーゼル (BDF) は, ナタネ, ダイズ, パームヤシ, ヤトロファ, カメリア, ヒマなどから採れる植物油やてんぷら油などの廃油から, エステル化反応 (図 14.5) によって生産する. 生産されたバイオディーゼルは, 軽油エンジンで直接燃焼して利用することが可能である. バイオマスから軽油をつくる方法としては, セルロース系バイオマスを熱分解して, 水や一酸化炭素, 二酸化炭素, 水素などの混合ガスとして, この中の一酸化炭素と水素から軽油を合成するFisher-Tropsch 合成反応 (F-T 合成反応) もある.

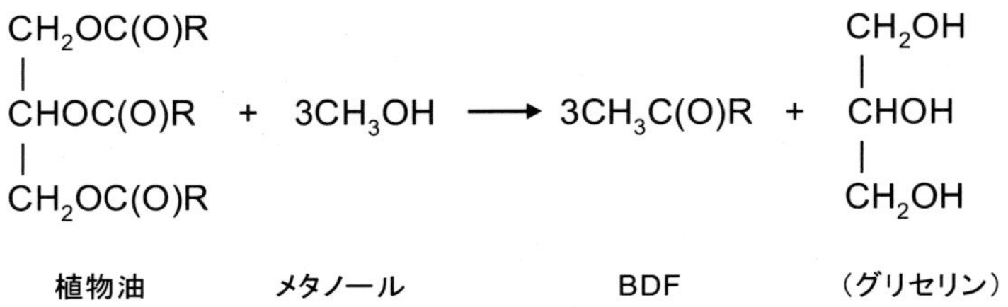

$$\begin{array}{l} CH_2OC(O)R \\ | \\ CHOC(O)R \\ | \\ CH_2OC(O)R \end{array} + 3CH_3OH \longrightarrow 3CH_3C(O)R + \begin{array}{l} CH_2OH \\ | \\ CHOH \\ | \\ CH_2OH \end{array}$$

植物油　メタノール　BDF　(グリセリン)

図 14.5　エステル化反応によるバイオディーゼル (BDF) の生産

14.3.　バイオマス生産量の増加

バイオマス生産量の増加は, 第5章の「生産性を高める」, 第12章の「光合成能力を高める」と密接に関係している. また, 植物が本来持っている生産性を充分に発揮させるという観点からは第6章, 第7章の「ストレス耐性」とも関係している. これらの要素については各章を参照していただきたい.

14-4. バイオマス燃料・原料の問題点

環境に優しく, カーボンニュートラルであり, 再生可能という様々な利点をもつバイオマス燃料・原料ではあるが，問題点も抱えている．

14-4-1. 食糧との競合

2000 年代には米国を中心にトウモロコシ由来のバイオエタノールが大量に生産された．米国ではエネルギーを自給するために，本来はコスト面で見合わない食糧からのエタノール生産を多額の補助金の支給によって可能にした．しかし，その結果として世界的な食糧価格の高騰を引き起こした．その後は，シェールオイル・ガスの開発によってエネルギー自給率が上昇したこともあって，食糧を原料とするバイオエタノール生産は減少している．しかし，バイオディーゼル原料となるダイズ，ナタネ，パームヤシなどの植物油を含めて，バイオマスの利用は食糧との競合という問題がつきまとう．

このような問題を避けるために，最近では 1）廃棄物バイオマスである非可食部分や廃木材の利用，2）休耕地・耕作放棄地での原料生産，3）食糧生産に向かない土地（砂漠，塩類集積地などの不良土壌など）での生産が実施，検討されている．特に，不良土壌でのバイオマス生産は，第 6，7 章で述べたストレス耐性植物の開発が必要になる．

14-4-2. バイオマス燃料のライフサイクルアセスメント（LCA）

ライフサイクルアセスメント（Life Cycle Assessment）とは，ある製品が製造，使用，廃棄あるいは再使用されるまでのすべての段階を通して，環境にどんな影響を与えたのかを評価する方法のことである．バイオ燃料の LCA を計算すると，原料となるバイオマスの生産と原料からバイオ燃料を生産する過程において，エネルギー投入，すなわち化石燃料が使用されている．従って，バイオ燃料は実際にはカーボンニュートラルではない．

米国のミネソタ大学のデイビッド・ティルマン教授は，2007 年 3 月 25 日付のワシントン・ポスト紙に『トウモロコシはわれわれの問題を解決しない』という論文を掲載した．これによると，「トウモロコシを原料にしたバイオエタノールの場合，生産時からの CO_2 発生量は同量のガソリンを消費した場合より 15%少ないだけである」としている．これは，トウモロコシの栽培（トラクター・コンバインなど）やバイオエタノールの生産に石油などの化石燃料を使っているためである．同様の試算は多くの研究者によってなされている．従って，生産や輸送などにより別に二酸化炭素が発生する場合には，バイオ燃料を利用した場合の方が石油を利用した場合よりも逆に二酸化炭素発生量が増えてしまうということも起きる.

また, 別の資料では, サトウキビから作るブラジル産のエタノールを日本に輸入して使った場合のLCAでは, ガソリンを燃やす場合に比べて総CO_2排出量は20%程度に減らすことができる. 一方でトウモロコシ原料のバイオエタノールの場合には, 製造工程でエネルギーを大量に消費するため, 総CO_2排出量はガソリンの90%以上にもなる. 廃木材や間伐材からエタノールを作る場合も, 前処理でエネルギーを消費すれば逆効果になる可能性もある. 従って, バイオ燃料だから環境に優しいという先入観を持たずに, 最も効果的なバイオ燃料を生産・利用する必要がある.

14-5. バイオマスプラスチック

バイオマスプラスチックとは, 日本バイオプラスチック協会 (JBPA) の定義では「原料として再生可能な有機資源由来の物質を含み, 化学的又は生物学的に合成することにより得られる高分子材料」とされている. わかりやすく言うと, 原料の一部, または全部が植物や微生物などのバイオマス由来のプラスチックということであり, 生分解性は要求されない. 現在のところ, 25%以上の原料がバイオマス由来であればバイオマスプラスチックとして認定される. 一方で, 生分解プラスチックは最終的に微生物によって水と二酸化炭素に分解される素材であればよい. 従って, 「グリーン」といっても植物由来とは限らず, 微生物由来のものや石油から化学合成されたプラスチックも含まれる.

ポリ乳酸のようなバイオマスプラスチックはカーボンニュートラルであるとともに再生可能な循環型資源である. そのため, 地球温暖化や化石資源の枯渇という地球規模の問題のクローズアップに伴って注目されている. また, ポリ乳酸は, プラスチック製造時の化石原料使用量や炭酸ガス発生量も少ない. 問題はコストがまだ高いこと, 成形速度が遅いこと, 柔軟性が低く耐衝撃性が劣ることなどである.

日本のプラスチック生産量は, ポリプロピレンが最も多く, 次いでポリエチレン, 塩化ビニル, ポリスチレンとなっている. これらの主要なプラスチックは石油を原料として作られているが, 最近になってこれらもバイオマスから生産できる目処が立ちつつある (表14.1). 例えば, ブラジルの化学メーカーのBraskem社は, 世界で初めてサトウキビ由来のエタノールを原料にポリエチレンを生産する技術を開発した. バイオエタノールを金属触媒を使ってエチレンに変換して重合させる製法で，従来のポリエチレンと品質的な差はないといわれている．日本のプラスチックの中で最も生産量が多いポリカーボネートについては，三菱化学が独自技術を活用して事業化を目指している．三菱化学では，グルコースを原料としてイソソルバイドという新規なモノマーを生産し，これを重合させて「バイオポリカーボネート」を生産するパイロットプラントを建設した．また，カーギル社とノボザイムズ社は，遺伝子組換えした微生物を使って，バイオマス由来のグルコースから 3 － ヒドロキシプロピオン酸（3HPA）を介してアクリル酸を生産する技術開発を共同で行っている．このように，化学産業では「脱石油」の動きが急速に強まっており，その背景には将来の石油の枯渇とそれを前提とした原料価格の高騰とともに，二酸化炭素の排出削減と再生可能な資源への転換という社会的要請に応えるという意味がある．用途も広がっており，トヨタ自動車は室内の表面積の約80％（表皮やフロアカーペット，パッケージ・トレイ・トリムなど）にサトウキビ由来の原料を含む「バイオポリエチレンテレフフタレート（PET）」を採用したハイブリッド車「SAI」を 2013 年 8 月 29 日に発売した．コカコーラグループやキリンビバレッジ，サントリー食品インターナショナルなども，飲料品の容器にバイオ PET を採用している．資生堂や花王もは，化粧品容器やシャンプー，リンスの詰め替え容器の一部にバイオポリエチレンを採用している．

表 14. 1　バイオマスを原料とする化成品

化成品		中間体		植物原材料	企業
ポリ乳酸	←	乳酸	←	デンプン←糖	ダウケミカル，トヨタ
ポリエチレン	←	エチレン←エタノール	←	サトウキビ	Braskem(ブラジル)
ポリカーボネート	←	イソソルバイド	←	糖	三菱化学
ポリプロピレン	←	イソプロパノール	←	廃糖蜜、廃木材	三井化学
ポリウレタン	←	リシノール酸	←	ヒマシ油	
アクリル酸	←	グリセリン	←	パームヤシ	日本触媒
ポリアミド	←	11アミノウンデカン酸	←	ヒマシ油	東洋紡・アルケマ(仏)
ナイロン	←	ジアミン	←	セルロース	東レ
ポリエチレンテレフタレート(PET)	←	テレフタル酸 エチレングリコール	←	パラキシレン エタノール	
ポリエチレンテレフタレート(PET)	←	モノエチレングリコール	←	サトウキビ	トヨタ、豊田通商
アクリル酸	←	3-ヒドロキシプロピオン酸	←	グルコース	カーギル，ノボザイムズ
ポリヒドロキシアルカノエート	←	（微生物）	←	グルコース	テレス（米）
ポリヒドロキシアルカノエート	←	（微生物）	←	植物油脂	カネカ
生分解性樹脂 可塑剤など	←	コハク酸	←	トウモロコシ	バイオアンバー（加） 三井物産

14-6 ゴム産生能の増強

世界のゴム生産の原料として，近年では天然ゴムが石油由来の合成ゴムを上回って 50%以上を占めている．石油資源の値上がりや枯渇問題もあって，天然ゴムの利用割合は今後も増加すると考えられる．また，航空機のタイヤのような強い強度が求められるタイヤの原料は天然ゴムであり，天然ゴムは機能的にも優れている．天然ゴムはほとんどがパラゴムノキ（*Hevea brasiliensis*）から生産されるシス型のゴムであるが，トチュウ（杜仲，*Eucommia ulmoides*）という植物もトランス型という化学構造のゴムを産生する（図 14.3）．

14-6-1. トチュウ

トチュウ（杜仲）は，樹皮が生薬，葉が杜仲茶に用いられるほかに，葉，樹皮，実に含まれるゴム成分がチューブ，ジョイント，タイヤ，ギブスなどに利用される．トチュウに含まれるゴムはトランス型のゴムでパラゴムノキから生産されるシス型ゴムとは構造や特性が異なる（図 14.5）．日立造船（株）では，トチュウのゴムの生産能の向上と安定生産，ゴム分子量の改変，蓄積部位の改変のための研究開発を行い，これまで不明であった長鎖のゴムを合成する遺伝子を解明し，トチュウのゴムの生産能の向上にめどをつけた．この長鎖ゴム合成酵素の遺伝子をタバコに導入したところ，タバコにゴムをつくらせることに成功した．原理的にはどのような植物にもゴムをつくらせることが可能なため，将来は熱帯ではなく日本のような温帯にもゴム農園ができるかもしれない．また，ゴム生合成経路の初期の短鎖のポリイソプレンの合成に関与するトチュウの isopentenyl diphosphate isomerase（IPI）（図 14.5）の cDNA をトチュウで過剰発現させたところ，ポリイソプレン含量が 3～4 倍に増加した．このことから IPI がゴム生産の鍵遺伝子であることが示された（Chen et al. 2012）．

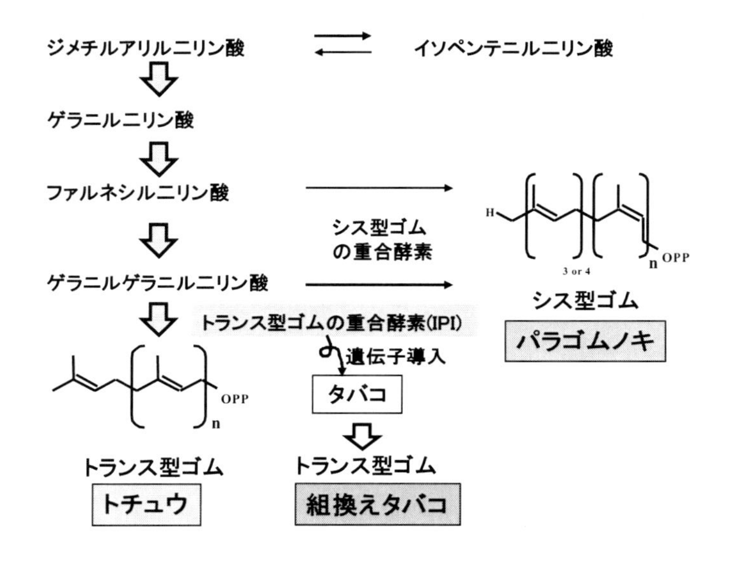

図 14.5　植物におけるゴムの生合成

14-6-2. パラゴムノキ

天然ゴムのほとんどはパラゴムノキ（*Hevea brasiliensis*）から生産される．ブリヂストン（株）では，パラゴムノキの代謝系を遺伝子組換えによって改良してラテックスの生成量の多い優良品種の作出とゴムの加工適性改良をするための研究を行っている．ラテックスとは，パラゴムノキの樹皮に傷を付けて得られる樹液のことを言い，シス型の天然ゴム（図 14.5）の原料となる．ラテックス中には直径 0.5〜5μm のゴム粒子が懸濁液となっている．最近では世界のゴム生産量の半分以上は天然ゴムであり，石油由来の合成ゴムは半数以下に低下した．今後の石油の枯渇を考慮すると天然ゴムの需要はますます増加すると考えられる．また，飛行機の車輪のタイヤなどは強度が要求されることから天然ゴムが利用されている．これらのことからも天然ゴムの生産量を高めることの重要性がわかる．これまでに，パラゴムノキの形質転換方法を確立し，ラテックスとそれ以外の部分で発現している遺伝子の比較から，ラテックス生合成に関与する候補遺伝子を取得している．

また，抗酸化作用によりゴム製品中において老化防止剤として作用することが明らかになっているビタミンEの合成遺伝子を単離することに成功した. この遺伝子を導入した植物ではビタミンEの生合成が確認された. この遺伝子を強化することで天然ゴムの老化防止（品質の向上）が計れると期待される.

14-7. 自己消化型植物

既に述べたように, バイオマスからエタノールを作る際には, サトウキビやトウモロコシなどの穀物のデンプンを微生物のつくる酵素で分解して糖にしてからアルコール発酵を行う（図 14. 6）. デンプンの糖化（分解）は比較的容易であり, 糖化酵素も安価である. しかし, デンプンを原料とした場合は食糧と競合するため, 非可食部や廃木材などの廃棄物であるセルロース系バイオマスを原料としたバイオ燃料の製造技術が求められている. しかし, セルロースはデンプンに比べて糖化が難しく, 強酸による前処理を行なったり, 高価なセルロース糖化酵素が必要であり, 生産されるバイオエタノールのコストも高くなるという問題がある. 現在のセルロース由来のバイオエタノールは１リットルあたり 150 円程度の生産コストがかかっている. 糖化酵素は一般に微生物によって生産するが, この酵素を原料である植物自身につくらせることができれば酵素のコストは実質的にゼロになり, バイオエタノールの生産コストは大幅に削減できる.

そのため, 微生物の糖化酵素遺伝子を植物に導入して「自己糖化型バイオマス作物」を作出する研究が行なわれている（図 14. 7）. ここで問題となるのは, これらの酵素は植物の細胞壁

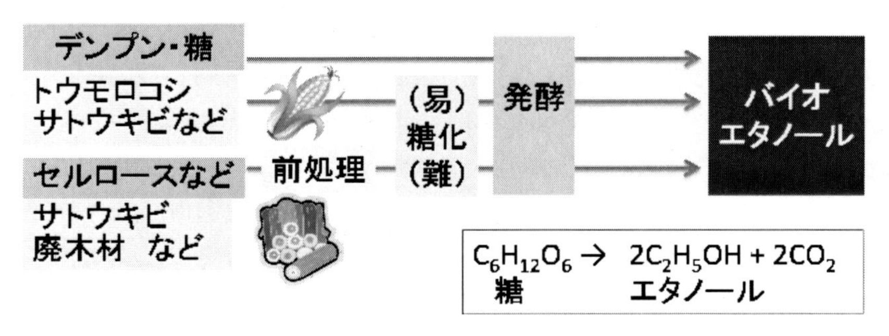

図 14. 6　バイオエタノールの生産工程

に触れると細胞壁のセルロースを分解してしまうので，生育中は細胞のどこかに隔離しておき，植物を収穫して粉砕したときにはじめてセルロースを分解するようにする必要があることである．また，バイオ燃料の原料植物は一般に熱処理してから使用するので，植物につくらせる糖化酵素は熱に強い耐熱性酵素である必要がある．通常の酵素は約 50℃を超えると変性して失活してしまうが，温泉のような熱いところにいる微生物の持つ耐熱性酵素は 90℃以上になっても活性を失わないものがあり，そのような酵素を利用することでこの問題を解決できる．京都府立大学大学院生命環境科学研究科の中平洋一特任講師が，（株）耐熱性酵素研究所と共同で，「粉砕・加熱処理により“糖質”を生産する自己糖化型エネルギー作物」を開発したと発表した．中平特任講師らは，植物細胞の中の葉緑体中にセルロースなどを分解する消化酵素を蓄積させることに成功した．セルロースやヘミセルロースなどのセルロース系バイオマスを分解するための 6 種の耐熱性糖化酵素（エンドグルカナーゼ，セロビオヒドロラーゼ-I, -II, β-グルコシダーゼ，キシラナーゼ，キシロシダーゼ）を細胞内の全タンパク質の 10%以上のレベルで生産する遺伝子組換えタバコを作出した．これら 6 種の遺伝子組換えタバコを混合してから，粉砕・加熱などの処理を施すことによって，細胞壁に含まれるセルロース系バイオマ

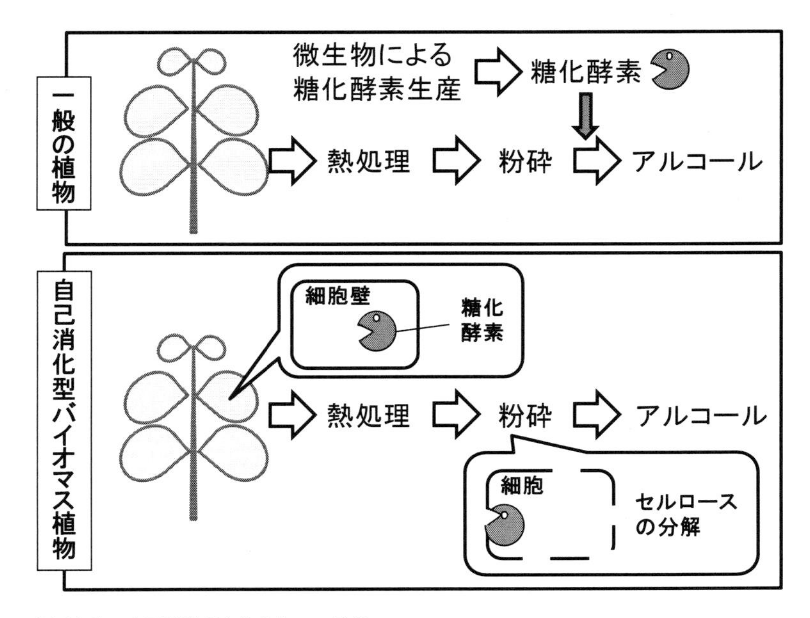

図 14. 7　自己消化型バイオマス作物

スの50%以上を糖質（グルコースやキシロースなど）として回収できるシステムを確立した.

この研究では実験植物のタバコを使用しているが，バイオマス生産量の大きい他の植物にも適用可能と考えられる. 他にもさまざまな植物に，微生物の糖化酵素を蓄積させる研究が行なわれている. 例えば，イネのアポプラストという細胞と細胞の隙間に *Acidothermus cellulolticus* という微生物の耐熱性エンドグルカナーゼを可溶性タンパク質の4.9%蓄積させることに成功したという報告や，シロイヌナズナのアポプラストに *A. cellulolticus* の耐熱性エンドグルカナーゼを可溶性タンパク質の26%も蓄積させた報告もある. また，トウモロコシの種子の細胞の小胞体と液胞に *A. cellulolticus* の耐熱性エンドグルカナーゼを蓄積させた例では，最大でそれぞれ可溶性タンパク質の17.9%と16.3%の蓄積が見られた. トウモロコシの種子で *Trichoderma reesei* という微生物のエンドグルカナーゼを発現させた実験でも同程度の蓄積が認められた. このように，微生物由来の糖化酵素は一般に種子では比較的高い蓄積量を示しますが，セルロース系バイオマスである葉茎では0.1%以下の蓄積という報告が多い. バイオマス植物の茎葉でいかに糖化酵素の蓄積量を高められるかが今後の研究のポイントになる. また，酵素の蓄積量が高い場合には植物の生育に障害が認められる場合もあり，生育を阻害せずに糖化酵素を高蓄積させる技術の開発も重要である.

ホンダリサーチインスティチュート・ジャパンは京都大学の西村いくこ教授と共同で，酵素を高含有する特殊な細胞小器官であるERボディーをイネに形成させ，そこに糖化酵素を高蓄積させることに成功した（小川ら，2012）. この成果は，まず植物細胞中に酵素の蓄積場所を確保して，そこに糖化酵素を蓄積させるために蓄積効率（蓄積量）という点で優れており，生育阻害も回避できる. 西村教授が発見したERボディー形成関連遺伝子である *pyk10* と *nai2* をユビキチンプロモーターで強発現させることで，葉の中にERボディーが多数形成され，そこに糖化酵素が蓄積された. 糖化酵素としては放線菌 *Acidothermus cellulolyticus* 由来の耐熱性エンドグルカナーゼE1の触媒ドメインを用いている.

このような研究から実用的な自己糖化型バイオマス植物が開発されれば，食糧と競合しないセルロース系バイオマスを原料とする安価なバイオエタノール生産が可能になると期待される.

第14章の演習問題

(1) バイオマス燃料がカーボンニュートラルであるという概念と実際に二酸化炭素排出量に与える影響について説明しなさい.

(2) セルロース由来のバイオマスエタノールを実用化するうえでの問題点と解決策を述べなさい.

(3) 合成ゴムに対する天然ゴムの優位性は何か説明しなさい.

第14章の参照文献

堂免一成　化学と工業 52巻 1999

多田雄一 (2012) 「第6章　バイオマス」　図解　環境バイオテクノロジー入門　軽部征夫編著　日刊工業新聞社　東京

多田雄一 (2011) 環境バイオテクノロジー改訂版　三恵社　名古屋

Chen R, Harada Y, Bamba T, Nakazawa Y, Gyokusen K (2012) Overexpression of an isopentenyl diphosphate isomerase gene to enhance trans-polyisoprene production in *Eucommia ulmoides* Oliver. BMC Biotechnol 12: 78

NEDO (2004) 植物機能改変技術実用化開発　植物利用エネルギー使用合理化工業原料生産技術の研究開発事業原簿

NEDO (2005)　植物の物質生産プロセス制御基盤技術開発事業原簿

京都府立大学　http://www.kpu.ac.jp/contents_detail.php?co=tpc&frmId=2171

京都新聞　http://www.kyoto-np.co.jp/environment/article/20110427000150

小川洋一, 白川一, 河本恭子, 浅見結貴　本多真穂　近藤康弘　西村いくこ (2012) イネにおける小胞体由来オルガネラ形成による糖化酵素の高濃度蓄積　第30回日本植物細胞分子生物学会 (生駒) 大会・シンポジウム講演要旨集 169

第15章　花の咲く（開花）時期を変える

15-1. 花成ホルモン「フロリゲン」

植物ホルモンにはオーキシン，サイトカイニン，ジベレリン，エチレン，アブシジン酸，ブラシノステロイド，ジャスモン酸，などが知られている．これら以外に名前は知られていたものの長らく正体が不明な植物ホルモンとして，花芽を形成させる花成ホルモンの「フロリゲン（florigen）」があった．1920 年に花芽形成は日長によって支配されることが発見された（Garner and Allard, 1920）．その後，接木実験などにより，植物の葉が日長を感知して何らかのシグナル物質をつくり，これが師管を通って茎頂に運ばれて花芽形成を誘導することが実験的に証明された．この正体不明の物質は「フロリゲン」と名付けられた．2007 年に分子遺伝学的な手法により，フロリゲンの正体はFT/Hd3a とよばれる球状タンパク質であることが明らかになった（Corbesier et al. 2007; Tamaki et al. 2007）．その後，フロリゲンの受容体も同定され，機能の本体であるフロリゲン活性化複合体の結晶構造も解明された．

15-2. FLOWERING LOCUS T（FT）とHd3a

フロリゲンタンパク質をコードする *FLOWERING LOCUS T*（*FT*）遺伝子は 1999 年にシロイヌナズナで花成に必要なタンパク質として同定されていた．シロイヌナズナの花成は長日条件において促進されるが，FT タンパク質に変異が生じた個体（ft 変異体）では長日条件でも花成の促進は起こらなかった．その後，FT が完全に機能するには，茎頂だけで発現するbZIP 型の転写因子 FD との相互作用が必要であることが報告された．このことから，葉で発現する FT 遺伝子産物が，茎頂で作用する可能性が示され，FT がフロリゲンである可能性が示された．

イネを用いた研究でも，FT のイネにおけるホモログであるHd3a タンパク質がフロリゲンである可能性が示された（図 15.1）．また，*Hd3a* 遺伝子の発現は，イネの花成が促進される短日条件において，葉の維管束篩部特異的に起こり，茎頂では発現していなかった．*Hd3a* 遺伝子プロモーターにHd3a-GFP 融合タンパク質遺伝子を連結してイネで発現させたところ，遺伝子の発現がない茎頂において，Hd3a-GFP 融合タンパク質の蛍光が検出されたことから，葉でつくられたHd3a-GFP 融合タンパク質が茎頂へ移動したことが示された（図 15.1）．さらに，この組換えイネは早生（早咲き）になった．逆に，，*Hd3a* 遺伝子とそのホモログである *RFT1* 遺伝子の発現をRNAi 法により抑制したイネでは花成が抑制された．これらの結果からHd3a はフロリゲンであると結論付けられた．

フロリゲンは分子量 20,000 という高分子のタンパク質であるため細胞膜を透過できず，植物にふりかけたり，根から吸収させるだけで花を咲かせることは困難である．その点で，フロリゲンの正体は明らかになったものの，「花咲か爺さん」になることはまだできない．

その後の研究で，Hd3a/FT タンパク質は，茎頂細胞の細胞質において 14-3-3 タンパク質とHd3a/FT-14-3-3 複合体を形成することが明らかにされている．Hd3a/FT-14-3-3 複合体は核へと移行し，FD タンパク質とさらに高次の複合体であるフロリゲン活性化複合体を形成して花芽形成遺伝子の転写を活性化させ，花成を開始させると考えられている（図 15.1）．*FD*遺伝子は，花成が遅延する変異体としてすでに報告されていたfd 変異体の原因遺伝子であり，やは

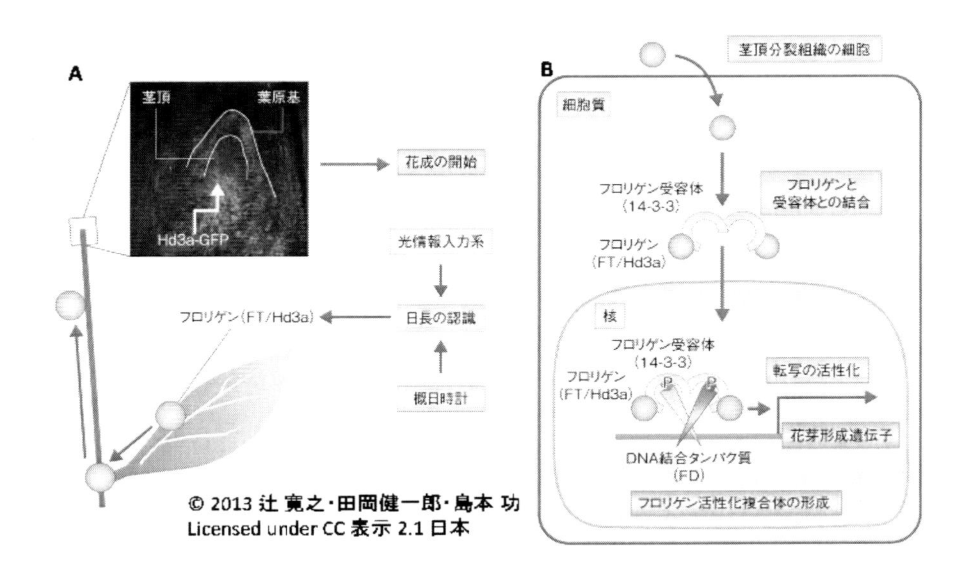

図 15.1　フロリゲンタンパク質はFT/Hd3a である
A．フロリゲンの合成と移動，B．フロリゲンによる花成の制御

り花成に必要なことがわかっていた．このように，花成にはフロリゲン以外にも多数の因子が複雑に関与している．従って，フロリゲンであるFT/Hd3aをコードする遺伝子の過剰発現や抑制によって開花を早めたり遅らせることが可能であるが，厳密な開花制御には多数の因子の制御を考慮する必要がある．

15-3. 温度による開花制御

開花には温度条件が大きく影響する．一般に低温では開花は遅れるが，これは単に生育が遅延するのではなく，花成の抑制が起きている．低温条件での開花抑制には2つのMADS-Box型転写因子遺伝子 *FLOWERING LOCUS M*（*FLM*）と *SHORT VEGETATIVE PHASE*（*SVP*）が中心的役割を果たしている．FLMとSVPタンパク質はFLM-SVP複合体を形成し，花成に関係する遺伝子のプロモーターに結合して転写を抑制する．*FLM*遺伝子の転写は高温では低下するが，特にそのスプライスバリアント*の *FLM-β* の発現が抑制される．一方で，SVMタンパク質は高温では不安定になる．これらの結果として，高温では花成を抑制するFLM-SVP複合体量が減少して開花が早まる．

また，*FLM*のスプライスバリアントである *FLM-δ* は高温で転写が促進される．このFLM-δタンパク質はSVPと複合体を形成するが，プロモーターに結合しない．従って，FLM-δタンパク質の増加も高温での開花促進に関与していると考えられる．

*スプライスバリアント：真核生物では，premRNAはスプライシングによってイントロンが削除されて成熟mRNAになるが，同じ遺伝子であってもスプライシングの位置が異なる（イントロンの位置が異なる）場合があることが報告されている．従って，mRNAにはスプライシング位置の差によって複数の産物（スプライスバリアント）が生じる．

第15章の演習問題

（1）遺伝子組換えによって花成を促進するための導入遺伝子（プロモーターと構造遺伝子の組み合わせ）について，例を挙げて説明しなさい．

第15章の参照文献

Garner WW and Allard HA (1920) Effect of the relative length of day and night and other factors of the environment on growth and reproduction in plants. J Agric Res 18: 553-606

Corbesier L, Vincent C, Jang S, Fornara F, Fan Q, Searle I, Giakountis A, Farrona S, Gissot L, Turnbull C, Coupland G (2007) FT protein movement contributes to long-distance signaling in floral induction of Arabidopsis. Science 316: 1030-1033

Tamaki S, Matsuo S, Wong HL, Yokoi S, Shimamoto K (2007) Hd3a protein is a mobile flowering signal in rice. Science 316: 1033-1036

辻 寛之, 田岡健一郎, 島本 功 (2013) 花成ホルモン "フロリゲン" の構造と機能 領域融合レビュー, 2, e004 DOI: 10.7875/leading.author.2.e004

Nilsson O (2013) A pathway to flowering-Why staying cool matters. Science 342: 566-567

Lee JH, Ryu H-S, Chung KS, Posé D, Kim S, Schmid M, Ahn JH (2013) Regulation of temperature-responsive flowering by MADS-Box transcription factor repressors. Science 342: 628-632

第16章　組換え植物の普及と安全性

16-1. 組換え植物の普及状況

組換え作物を商用栽培している国は2014年には2007年より6カ国増えて28カ国になった. それらは, 米国, アルゼンチン, ブラジル, インド, カナダ, 中国, パラグアイ, 南アフリカ, パキスタン, ウルグアイ, ボリビア, フィリピン, オーストラリア, メキシコ, スペイン, コロンビア, ホンジュラス, ブルキナファソ, チェコ, ルーマニア, ポルトガル, ミャンマー, スロバキア, チリ, スーダン, キューバ, コスタリカ, バングラデシュである. これらの国の中で20カ国が発展途上国である. 2012年以降は栽培面積でも, 途上国の方が先進国を上回っている. また, 2014年には世界の全耕地の約12%にあたる1億8150万ヘクタールで組換え作物が栽培されており, 今後も増加していくと予想されている.

The International Service for the Acquisition of Agri-biotech Applications (ISAAA) の報告書では, 組換え植物は, ①食糧増産と生産コストを低減し, ②生産性向上により耕地化による森林破壊を防ぎ, 生物多様性維持に役立ち, ③途上国を中心とした貧困層の収入を増やし, ④除草剤, 殺虫剤の削減や不耕起栽培により環境負荷と⑤化石燃料の使用量を低減し, ⑥バイオマス生産性の向上によってバイオ燃料生産に貢献し, ⑦持続可能な経済に貢献しているとしている.

これまでに実用化された組換え植物の導入形質は除草剤耐性と耐虫性が大部分を占めていた. しかし, ISAAAの報告書によれば, 耐乾性作物は米国やアフリカで近い将来に導入される見込みであり, 環境問題に貢献する形質をもった組換え植物の実用化が今後進むであろう.

一方で, 日本では組換え植物の商業栽培は青いバラだけで, 遺伝子組換え食用作物の栽培は行なわれていない. その最大の理由は一般市民が組換え作物に不安を抱いていることが挙げられる. しかし, 外国で生産された組換え作物は既に大量に日本に輸入されており, これらの組換え作物については輸入に先立って, 環境に対する影響がないことや食品としての安全性を日本国内で確認済みである. にもかかわらず, 組換え作物の国内での栽培は皆無となっている. この原因のひとつは, 組換え植物について正しい知識が一般市民に伝わっていないことがあると考えられる. 本章では組換え植物の環境に与える影響について代表的な例をとりあげて解説する.

16-2. 除草剤耐性作物

除草剤耐性作物は除草剤をかけても枯れない. そこから除草剤耐性作物の栽培には除草剤がたくさん使用されているという誤解をしている人がいるようである. しかし, 実際はその逆である. 普通の非組換え作物の栽培でも（有機栽培や減農薬栽培を除けば）, 生産者は雑草による収量の低下を防ぐために除草剤を散布する. その際に, 普通の作物を枯らさずに雑草だけを枯らすような都合のよい除草剤は事実上存在しない. そのため, 作物と雑草に対する効果が少し異なるような除草剤を, 適切な時期に適切な濃度で散布することで何とか作物に影響を及ぼさずに雑草を抑制しているのである. このような除草剤では雑草を抑制する効果が充分ではないため, 何度も, あるいは何種類もの除草剤が使われる.

ところが, 除草剤耐性作物の栽培では, １回（またはせいぜい２回）の散布でほぼ完全に雑草を抑制できる. 従って, 除草剤の使用量も栽培コストも非組換え作物を栽培する場合より少なくなる. しかも, 使用する除草剤（モンサント社のラウンドアップ）の有効成分であるグリホサートは, 土中の微生物によって「水と炭酸ガスに分解されるため環境負荷の少ない除草剤として世界130ヶ国で, 20年以上にわたって幅広く使われている」ものである. また,「ラウンドアップは, 植物や微生物だけが持っている酵素の働きを阻害するので, この酵素を持っていない人間や動物に対して作用しない」. つまり, 安全性の高い除草剤を少量使っているということになる.

また, 除草剤耐性作物は雑草化し易く, 除草剤をまいても枯れないので駆除できないと考える人もいるようだ. しかし, 人間が作り出した作物は弱く, 野草や雑草と競合した場合は負けてしまう. このような作物に, 遺伝子組換えによって, 除草剤に強いという性質が加わっても, 生命力や繁殖力が強くなるわけではないので, 雑草化したり, 他の植物より優位に繁殖するということはないと考えられる. 何らかの偶然でこの除草剤耐性植物が繁殖したとしても, 他の種類の除草剤をまけば枯れてしまうので, 制御できなくなるということはない.

しかし, 異なる除草剤と耐性作物の組み合わせを交代で変更するなどの正しい利用方法を守らなければ, 病院における抗生物質の多剤耐性菌の出現のように, 耐性雑草が出現する可能性は増加する. 実際に最近では複数の除草剤耐性を獲得したスーパー雑草が出現しており, これらは畑の外では生存に有利になることはないものの，畑では防除が難しいために新たな除草剤の開発も求められている．

16-3. 耐虫性作物

耐虫性作物は，*Bacillus thuringiensis*（バチルス・チューリンゲンシス）という土壌微生物由来の殺虫タンパク質（Bt タンパク質）を作る遺伝子を組込むことによって，特定の害虫に抵抗性を持たせた作物である．このような耐虫性作物の利用も農薬の使用量の低減，農民の収入の確保，殺虫剤散布による健康被害の回避に貢献している．

しかし，「虫が食べて死ぬようなものを人間が食べて大丈夫だろうか」と疑問に思う人もいるようだ．その点では，この殺虫タンパクは人間に作用しないことが科学的に証明されている．さらに，農薬と比較したらどうであろう．農薬も虫が触れれば死ぬが，それを散布された作物を人間は食べている．もちろん，農薬の場合は使用量や回数を制限して基準以下の残留量になるように規制はしている．実は，Bt タンパク質も「殺虫剤」として長年使われてきた実績がある．しかし，Bt タンパク質は殺虫剤といっても天然成分由来のため「農薬」には分類されない．Bt タンパク質を散布していても「有機農産物」を名のることができる．このような長年の利用実績がある安全性の高い天然殺虫成分を，散布するのではなく植物につくらせたのがこの耐虫性作物である．Bt タンパク質は化学農薬に比較して分解性も高く，その点では環境負荷も小さいといえる．

逆に，組換え作物の栽培によって農薬の使用量が削減され，環境負荷が低減されていることが確認されている．例えば，2010 年と 2011 年にニューヨーク州，ミネソタ州，メリーランド州，オハイオ州，ジョージア州など気候，栽培慣行と害虫の種や個体数が異なる場所で実施された Bt コーンの栽培では，トウモロコシオオタバコガの虫害は，殺虫剤を噴霧した非遺伝子組換えのトウモロコシよりも被害が少なかった．ニューヨーク州の 2010 年の結果では Bt トウモロコシの 99-100%は殺虫剤の散布なしで食害がなかったが，非遺伝子組換えトウモロコシは 8 種の殺虫剤を使ったにもかかわらず食害なしの割合は 18%であった．

一方で，1999 年に「遺伝子組み換えトウモロコシの花粉を食べてチョウ（オオカバマダラ）が死んだ」という論文が Nature（Losey et al. 1999）に掲載されて話題になった．この研究は，「トウワタの葉に BT 毒素を発現する遺伝子組換えトウモロコシ（Bt コーン）の花粉をまぶし，オオカバマダラ（害虫ではない）の幼虫に与え，時間を追って生存率を調べたところ，遺伝子組換えトウモロコシの花粉をまぶした葉を食べた幼虫は，時間とともに生存率が減少し，４日後には44%が死亡した」というものである．さらに，「オオカバマダラの生息地域がトウモロコシの生育地域と重なり，幼虫の生育時期が花粉の飛ぶ時期と一致するという事実から，オオカバマダラに有害な影響を及ぼす可能性がある」と結論づけている．

しかし，オオカバマダラは鱗翅目に属し，もともと，BT 毒素は鱗翅目や双翅目などに属する昆虫に対し毒性を示すことから，化学農薬の利用の場合と同様にこのような昆虫への影響は想定されていた．問題は，生態系に影響を及ぼすかどうかという点である．

この報告を受けて，科学的な検証が行なわれ，「実験レベルでは影響が見られるが，自然状態では，オオカバマダラ個体群の存続に与える影響は無視できる」と結論づけられた．すなわち，実験室で花粉のついた葉をえさとして与えれば，幼虫は当然死ぬが，圃場で幼虫がたまたま組換えトウモロコシの花粉のついた葉に接して，それを食べ続けて死ぬ確率は非常に低いということである．これは，シミュレーションによる詳細な確率予測に基づいた結論である．

16-4. 組換え植物の環境に対する安全性試験

すべての組換え植物は実用化（一般圃場での栽培）に先立って環境に対する安全性試験が行なわれる（図 16. 1）．これは，生物多様性を維持するための国際条約であるカルタヘナ条約を担保するための国内法「遺伝子組換え生物等の使用等の規制による生物の多様性の確保に関する法律」（H15 年 6 月）に基づいて行われる．法律の名称からもわかるように，本法律の目的は，遺伝子組換え生物は環境（生物多様性）に与える影響が未知であるために，外来生物と同様に導入に先立って影響評価を行うことを目的としている．従って，組換え生物が危険だから規制しようという趣旨ではなく，国内の生物多様性への影響の有無を確認することが目的であり，影響がないと判断されれば導入・栽培が可能になる．

この法律では，微生物や動物の場合も含めて遺伝子組換え生物の利用形態によって第一種使用と第二種使用の二つの分類に分けられている．第一種使用等は，環境中への拡散を防止しないで行う使用等であり，簡単にいうと野外（開放系）での利用である．第二種使用等は，環境中への拡散を防止しつつ行う使用等であり，隔離された空間で利用する形態である．当然のことながら，隔離された空間である培養室やタンクなどで利用する第二種使用等の方が規制が緩やかである．いずれの場合も，施設の態様等執るべき拡散防止措置が省令で定められている．この法律に基づく安全性試験では，植物の場合は培養室，網室や隔離された圃場で組換え植物を実際に栽培して，導入遺伝子の存在様式や発現特性の他に，新たな成分が産生されていないか，周辺の微生物相，植物相，昆虫相に影響を与えるか，組換え植物を栽培した後に栽培した作物が生育に影響を受けるか，組換え植物を鋤き込んだ土壌で栽培した作物が生育に影響を受けるか，組換え植物の花粉がどの程度飛散するかなどが調べられ，これらの結果が元の植物と変わらない（実質的同等）と判断された場合に一般圃場での栽培が承認される．従って，承認が得られて実用化されている組換え植物については環境への悪影響は無視できると判断されている．

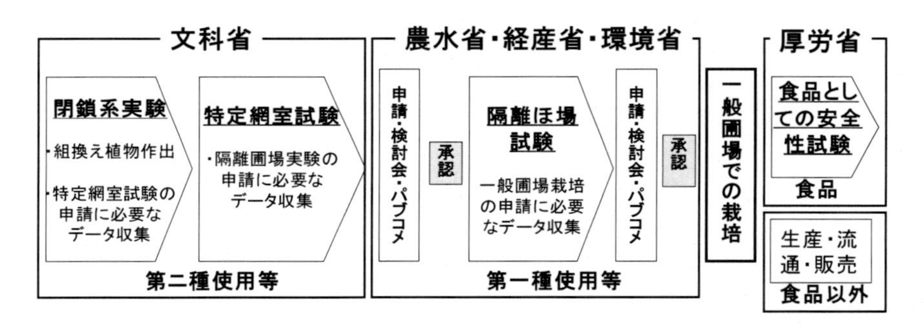

図 16.1　組換え植物の安全性試験のフロー

さらに，想定外の問題が起きる可能性を排除するために，抗生物質耐性遺伝子を含まない組換え体を作出できる MAT ベクター（3-7-1 参照）技術が開発された．しかし，この方法では不要になった抗生物質耐性遺伝子を組換え植物から取り除くことができるが，目的遺伝子そのものはもちろん残っている．そこで，目的の遺伝子が花粉に乗って飛んでいき，他の植物と交配することで遺伝子が拡散することが問題となる場合には，花粉に目的遺伝子が含まれない葉緑体形質転換（3-7-2 参照）を利用する方法もある．また，イネの場合には閉花受粉といって花弁（イネの場合は後にモミガラになる頴花（えいか）という部分）が開かずに内部で受粉が起きるために花粉が飛散しない形質を利用することで，組換え花粉の飛散を起こさせない方法も研究されている．このように，組換え植物による環境影響を最小限に抑えるための様々な研究開発も進められている．

16-5. 組換え植物の食品としての安全性試験

遺伝子組換え食品の安全性審査は，食品衛生法に基づく「食品，添加物等の規格基準」に則って行われていたが，平成15年7月1日に食品安全基本法が施行され，内閣府の食品安全委員会の意見を聴いて安全性が審査されている．安全性審査を受けていない遺伝子組換え食品は，製造，輸入，販売等が禁止されている．安全性審査は，学識経験者などから構成される薬事・食品衛生審議会が組換え食品の開発者から提出された安全性評価試験結果などの資料を審査するかたちで行われる．具体的には，導入遺伝子の安全性，導入遺伝子により産生されるタンパク質の有害性の有無，アレルギー性の有無，導入遺伝子の影響で有害物質が産生される可能性の有無，遺伝子導入により成分に重大な変化を起こしていないか等について審査されている．審査結果は，厚生労働省のホームページや官報などを通じて公表されている．

日本では2013年末現在で，ジャガイモ，ダイズ，テンサイ，トウモロコシ，ナタネ，ワタ，アルファルファ，パパイアの8作物283種類の組換え作物の食品としての安全性が確認されている．

16-6. 組換え植物に関する情報提供

遺伝子組換え技術や遺伝子組換え作物・食品に関する情報については，農林水産省の「遺伝子組換え技術の情報サイト」(http://www.s.affrc.go.jp/docs/anzenka/index.htm) や厚生労働省の「遺伝子組換え食品」(http://www.mhlw.go.jp/stf/seisakunitsuite/bunya/kenkou_iryou/shokuhin/idenshi/index.html)，バイテク情報普及会 (http://cbijapan.com/) において，詳しい説明やQ and Aが掲載されているので参照していただきたい．

第16章の参照文献

多田雄一 (2011) 環境バイオテクノロジー改訂版　三恵社　名古屋

Losey JE, Rayor LS, Carter ME (1999) Transgenic pollen harms monarch larvae. Nature 399: 214

索引

著者略歴

多田　雄一（ただ　ゆういち）
博士（農学）

1988年　東京大学大学院農学系研究科修了
1988年～　三井東圧化学（株）ライフサイエンス研究所研究員
（株）三井業際植物バイオ研究所研究員
三井化学（株）ライフサイエンス研究所主任研究員
2005年　東京工科大学　バイオニクス学部　准教授
2009年～　東京工科大学　応用生物学部　教授
専門：植物分子育種，ファイトレメディエーション

改訂版　植物細胞遺伝子工学　Plant Cell and Genetic Engineering

2016年2月29日　初版発行

著者　多田　雄一

定価（本体価格2,000円＋税）

発行所　株式会社　三恵社
〒462-0056　愛知県名古屋市北区中丸町2-24-1
TEL 052 (915) 5211
FAX 052 (915) 5019
URL http://www.sankeisha.com

ISBN978-4-86487-470-0 C3058 ¥2000E